Animal Series

TIGER

Susie Green

大 英 经 典 博 物 学

老 虎

黑夜森林中的火光

［英］苏茜·格林 著

杨楠 译

中信出版集团｜北京

图书在版编目（CIP）数据

黑夜森林中的火光：老虎 / (英) 苏茜·格林著；
杨楠译 . -- 北京：中信出版社，2020.5
（大英经典博物学）
书名原文：Tiger
ISBN 978-7-5217-1411-1

Ⅰ . ①黑… Ⅱ . ①苏… ②杨… Ⅲ . ①虎—普及读物
Ⅳ . ① Q959.838-49

中国版本图书馆 CIP 数据核字 (2020) 第 022480 号

Tiger by Susie Green was first published by Reaktion Books，
London，UK，2006 in the Animal Series.
Copyright © Susie Green 2006
Simplified Chinese translation copyright © 2020 by CITIC Press Corporation
ALL RIGHTS RESERVED

本书仅限中国大陆地区发行销售

黑夜森林中的火光：老虎

著　　者：[英] 苏茜·格林
译　　者：杨楠
出版发行：中信出版集团股份有限公司
　　　　　（北京市朝阳区惠新东街甲 4 号富盛大厦 2 座　邮编　100029）
承　印　者：河北彩和坊印刷有限公司

开　　本：880mm×1230mm　1/32　　印　张：6　　字　　数：124 千字
版　　次：2020 年 5 月第 1 版　　　　印　　次：2020 年 5 月第 1 次印刷
京权图字：01-2019-2513　　　　　　　广告经营许可证：京朝工商广字第 8087 号
书　　号：ISBN 978-7-5217-1411-1
定　　价：168.00 元（套装 5 册）

目 录

第一章

进化与自然史

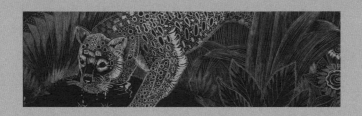

> 丛林中没有残忍的野兽，只有被人类变得残忍的野兽。

> ——帕特里克·汉利

世界的起源迷雾重重，这个世界上至高无上的食肉动物——老虎的起源同样如此。印度东北部的那加人（Naga）认为，创世之初，一只奇异的食蚁动物——长着鳞片的古老穿山甲——允许第一位神灵、第一个人和第一只老虎的母亲穿过他幽深的洞穴，踏上青翠的大地。老虎在黑暗、蓊郁的森林中栖息，而他的人类兄弟则安家定居。最终，人类斗胆踏入森林，不得不在森林里与老虎兄弟搏斗，他诱骗老虎过河，然后用一枚毒镖杀害了它。金黑条纹的尸体缓缓漂浮在河流上，最终安息在一片芦苇荡中，丁古-阿内尼（Dingu-Aneni）神在那里发现了它。他知道这只老虎是女人的孩子，所以也是人类的兄弟，他把老虎的尸骨从河水中捞出，用自己温热的身体暖了十年之久，直到数以百计的老虎从尸骨中诞生，去平原和森林中生活。

古生物学家对于他们的猜想并无把握，分子生物学家在这方面也是一样。该领域的专家艾伦·特纳在 20 世纪末写道："尽管我们现在已经大体上了解了猫科动物的演化，但必须强调的是，我们依然对现存物种的直系祖先，或者它们之间的更确切的关系模式缺乏清晰的认识。"[1]

然而下列分类法得到了广泛的认可：

界：动物界

门：脊索动物门（脊椎动物）

纲：哺乳纲

目：食肉目

科：猫科

亚科：剑齿虎亚科，生有平滑的长犬齿

亚科：猫亚科，或称"真猫"，生有圆锥形犬齿
　　　（包含所有的豹属）

属：豹属（*Panthera*）

种：虎（*Panthera tigris*）、狮（*Panthera leo*）、
　　豹（*Panthera pardus*）

从古生物学家的角度来看，缺少化石是一个大问题。食肉动物的数量远远少于它们的猎物，只占全世界动物数量的2%。化石作用的条件很难实现，因此发现猫科动物化石的机会尤为稀少，追根溯源的误差范围也很大。尽管如此，相关的理论却和食肉动物一样取得了发展进步。

有这样一种普遍的共识——被我们归类为食肉目的最早的动物，是在大约6 000万年前的古新世出现的。这些食肉目动物是多面手，它们的牙齿能够咬碎骨头、切断兽肉、咀嚼碾磨，它们有爪子，可能会爬树。千万年后，这些动物开始

适应不同的生态位，从而形成了更加专门化的食肉目。直到大约 3 000 万年前的渐新世，有这样一些化石在法国沉积了下来，我们视其为猫科动物（原猫，*Proailurtus lemanensis*），虽然多了很多牙齿。按照时间顺序，下一只猫科动物的化石是在美国新墨西哥州和加利福尼亚州出土的，这是一只酷似美洲狮的动物，假猫属（*Pseudaelurus*），从骨骼可知，这只雌兽是绝顶的爬树高手。

很多人认为假猫属是以下两种动物的祖先：一种是我们所谓的现代猫科动物，由假猫属从大约 2 000 万年前中新世的 *Pseudaelurus schizailurus* 分化而来；另一种是剑齿虎，现已没有已知的实例，它也是从同一个时代分化而来的。

所有的现代猫科动物，从老虎到暹罗猫，都拥有强壮的圆锥形犬齿，非常适合攻击和捕捉猎物。在很多专家看来，正是这一点将剑齿虎排除在它们的祖先之外，因为剑齿虎全都生

1998年在印度本河国家公园（Pe National Park）复的一块头骨和其虎骨。

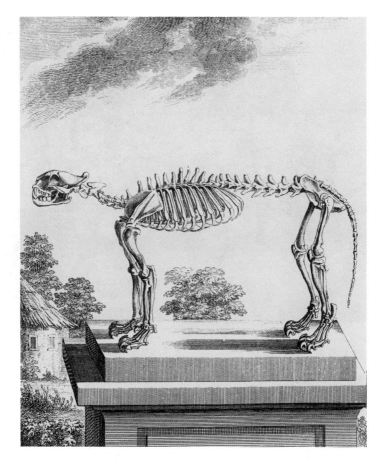

有极长的平滑犬齿，"仿佛修剪过"，非常适合切肉，但用来捕
猎的话就太脆弱了。总之，在很多人看来，剑齿"虎"绝对不
是老虎——但还有一些它的竞争对手在时间上离我们更近，例
如恐猫属（*Dinofelis*），它们在 500 万年前还行走在地球上。它
们又称"假剑齿虎"，因为它们的犬齿虽然在部分程度上是平
滑的，却只和现今的老虎一样长。它们以羚羊、狒狒和南猿
为食，遍布在北美洲、欧洲、非洲和亚洲，直到大概 1 万年

前才消失。阿氏恐猫（*Dinofelis abeli*）是生活在中国的巨型物种，使人想起巨大的现代东北虎。著名的德国动物学家黑默尔认为，豹属接管了恐猫属的生态位，而最近的生物分子学比照研究，揭示了美洲刃齿虎（*Smilodon*，大多数人心目中"典型的"剑齿虎）与豹属其他成员——现代的豹和狮——之间的高度相似性，将这两点结合来看，便产生了另外一种理论——剑齿虎终究还是老虎的祖先。

对于虎种的时间划定和地理分布，也存在类似的困惑。黑默尔认为，大约200万年前，上新世晚期之前的欧洲、非洲和北美洲食肉动物群落，并没有留下不容置疑的豹属动物化石，否则就能找到很好的代表了。这就表示虎种起源于亚洲，极有可能是东亚，从那里向两个方向散布：向西穿过中北亚的林地和水系，然后南下印度；向东进入中亚山区，然后来到东南亚的缅甸、越南、印度尼西亚诸岛，从这些地方到达印度。老虎与其他任何大猫都不一样，非常擅长游泳，能游上好几千米，因此可以在其他豹属动物无法抵达的地区生活。

其他专家认为老虎起源于西伯利亚，冰期到来时，这一地区变得不再宜居，老虎便分散南下，寻找更温暖的气候区。桑德拉·赫林顿一直在研究现代阿拉斯加地区的头骨，她认为狮子和老虎在之前的10万年里都曾经在那里生活，老虎和狮子一样，是在海平面较低时跨越白令陆桥（Bering Land Bridge），进入南北美洲的。[2] 然而，古生物学研究中经常忽视伪装的作用，而这对于老虎这样伏击猎物的食肉动物来说是极为重要的。在俄罗斯北部的象草斑驳的影子里，或者荒凉、多沙的灌木丛中，老虎似乎不太可能进化出和环境如此浑然一体的毛皮。

分子生物学家斯蒂芬·奥布赖恩和黑默尔一样，用分子钟作为年代测定系统，他认为豹属在大约200万年前分化为几个单独的物种。然而，黑默尔认为虎的亚种，例如爪哇虎和东北虎，是在同一时间进化的，而奥布赖恩的研究却表明，现代虎的亚种之间的基因差异只有人种之间差异的四分之一，他认为这些地理意义上的虎亚种只可能是在过去的1万年里进化而来的。

在本书所涵盖的范围之外，还有很多理论，而无论支持哪种理论，似乎可以肯定的是，在迄今为止发现的、不容置疑的虎化石中，最早的一些来自中国四川盐井沟，已有150万年的历史。[3] 由于斯里兰卡没有原产的老虎，因此它到达印度南部，一定是在印度次大陆和斯里兰卡之间的海峡变宽以后，其宽度甚至超出了它游泳能力的极限。

同样可以肯定的是，在 1900 年，虎有 8 个亚种：

里海虎（*Panthera tigris virgata*）
数量：现已灭绝

东北虎（*P.t. altaica*）
数量：400 只或更少，主要生活在俄罗斯东部的森林地区
雄性：体长 3.35 米，体重 300 千克
雌性：体长最长 2.6 米，体重 90～170 千克
毛色为极暗的橘色，有黑色条纹
主要猎物：麋鹿和野猪

华南虎（*P.t. amoyensis*）
数量：可能已灭绝

印度支那虎（*P.t. corbetti*）
数量：据说有 1 500 只，主要生活在泰国、中国南部、老挝、马来亚（2004 年发现）、柬埔寨和越南的偏远森林和丘陵地带。（这样的估算可能乐观了，因为研究人员缺乏信息，且没有进行过数量普查）
雄性：体长 2.75 米，体重 180 千克

雌性：体长 2.45 米，体重 114 千克

主要猎物：野猪、野鹿和野牛

孟加拉虎（*P.t. tigris*）

数量：可能有 2 500 只，一直在减少；主要分布在印度，有一些在尼泊尔、孟加拉国、不丹和缅甸

雄性：体长 2.9 米，体重 218 千克

雌性：体长 2.44 米，体重 136 千克

猎物：野鹿和野牛

苏门答腊虎（*P.t. sumatrae*）

数量：可能远少于 400 只，生活在低地、山脚、山地和泥炭藓森林

雄性：体长 2.9 米，体重 120 千克

雌性：体长 2.15 米，体重 91 千克

在所有的老虎中毛色最深，有黑色宽条纹，前腿有斑纹

主要猎物：野猪、大型鹿（水鹿）和麂

爪哇虎（*P.t. sondaica*）

数量：现已灭绝

巴厘虎（*P.t. balica*）

数量：现已灭绝

这些亚种除了毛皮上的斑纹不同，体型上的差异也非常大，这主要是因为炎热气候区的动物体型通常会变小（动物越小，同样体重下的体表面积越大，从而提高散热效率）。然而，20世纪上半叶曾经在中国东北狩猎的拜科夫和扬科夫斯基坚称，曾经有非常大的老虎和小得多的老虎栖息在同样的地区，它们是不同的亚种。因为这一地区的老虎几乎已经灭绝了，所以无从考证，但扬科夫斯基称，好几百年以前，古代的蒙古可汗曾将图们江以北、距离现在的符拉迪沃斯托克很近的数百平方英里的土地，划定为从印度引进的虎豹的保护区。[4] 经过几个世纪的进化，可能还伴随着剔除体型较小的老虎的人为干预，终于出现了一种大型老虎，拥有厚重、浓密的浅色毛皮，体长达到4.25米，体重超过250千克。这个保护区最终被废弃，原有的老虎也向北散布至萨哈林岛，或是南下至朝鲜和中国北部，在那里与当地的老虎种群繁衍，产生了一个大型的亚种。还有一些人声称当地的某些无机盐是造成虎的体型大幅度增长的原因。[5] 1956年前后，扬科夫斯基杀死了可能是这些虎中的最后一只。

对于老虎的自然史，我们已知的内容，与时代的主流文化对它的看法以及它的生活环境密不可分——无论是它在游人如织的保护区生活的当下，还是莫卧儿皇帝贾汉吉尔（Jahangir，1568—1616）把老虎当宠物养在一座巨型动物园里的时代，都是如此。他的观察结果在某种程度上告诉了我们老虎在奢侈的监禁环境中的行为方式，以及那个时代的主流看法。

在我的统治下，野生动物不再野蛮，老虎也变得如此温驯，没有镣铐拘束，成群结队地在人群中到处走动，既不伤人，也没有流露出任何的野性或者恐慌。有一次，一只雌虎怀孕了，三个月之后产下了三只幼崽；之前野生老虎被抓后还从未交配过。听大贤士们说，雌虎的乳汁非常有助于明目。虽然我们竭力让它的乳房分泌乳汁，但终究未能实现。我突然想到，这是一种非同寻常的动物，母亲的乳房会分泌乳汁，或许是由于它们对自己幼崽怀有母爱……它的乳汁枯竭了，因为我们不是它的幼崽。

在印度，雌虎的乳汁依然被视为医治眼疾的万灵药，但正如印度先驱博物学家萨利姆·阿里所言，"得到它的难度可能与其传闻中的功效有很大关系"。

英属印度时期，老虎不断遭到猎杀，栖息地也被大肆破坏，对老虎的观察结果几乎没有增进人们对其自然史的了解，却揭示了当整个种群被恶意猎杀时，一只大型食肉动物会有怎样的表现。有这样一些人，他们的目标是用一颗子弹粉碎它的心脏或者心灵，强调它何其凶恶，从而拔高自己的勇猛，这些人就它的自然史着墨甚多。一个值得注意的例外是帕特里克·汉利，他是一名大农场主兼博物学家，何其幸运，第二次世界大战之前，他在被人忽视了的阿萨姆邦（Assam）森林里生活了 15 年。由于他的存在，我们才得以一窥那个将老虎真正的自然史展示了几分的世界。遗憾的是，汉利的日记和照片大部分在第二次世界大战中损毁，不过在 1961 年，出版

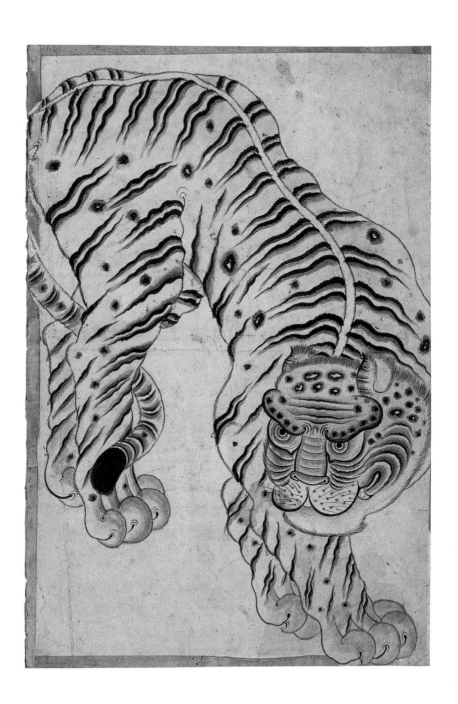

了他的一本回忆录。有趣的是，他对老虎的观察结果，很多都与正在伦腾波尔（Ranthambore）保护区研究老虎的博物学家、自然资源保护学家瓦尔米克·撒帕尔类似，而后者是在从未经历过迫害以及随之而来的恐惧的老虎身上再次发现了这些观察结果。

汉利酷爱徒步采集丛林中的兰花，因此几乎每天都会与老虎亲近。他光靠眼睛就能辨认出60只（每只老虎都有独特的斑纹），没有一只试图伤害他，甚至没有对他吼叫过。"我曾与几十只老虎不期而遇，"他写道，"它们即使是跟着我，也是敬而远之，而且完全是出于好奇，还有就是希望看看这个之前从未见过的奇异动物在它们的领地里做些什么。"他写得很简洁："一个人在丛林中所恐惧的对象，有一半都是想象出来的，他自视为不堪一击，把实际上并不存在的野蛮安在丛林里的动物头上。"

在印度，长时间待在野外的当代野生动物研究者也会与这种长着斑纹的猫科动物面对面。世界上最优秀的一位小型猫科动物专家之一谢卡尔·科利帕卡，在潘纳老虎保护区（Panna Tiger Reserve）的一个大池塘边架设相机陷阱时，注意到一只雌虎带着一只大个儿幼崽，正在几米之外近距离观察他。科利帕卡仅仅是放松了下来，待在原地。老虎母子的好奇心很快便得到满足，继续溜达去了。在潘纳，还有另外三名田野调查员在一次聚会上喝到微醺，穿过保护区的一片森林往回赶，这个区域向任何人开放，但禁止设陷阱、捕猎、伐木。一名疲惫不堪的调查员坐了下来，几乎没有意识到一只老虎正在径直走向他。他的同伴们走在前面，也没有意识到朋友已经不在身边了，等他们回过神来，徒劳地大喊大叫，但老虎还在继续向他走来。他们往回跑——朋友已经不见了。他们担心最坏的情况发生，疯狂地搜寻附近的灌木丛，结果就在那里面发现了他们的朋友在酒精的作用下睡得正酣，呼吸平缓。老虎的爪印正好越过他脆弱的身体，但完全没有伤害到他。[6]

人类骑在大象背上观察老虎时，老虎即使带着幼崽，也会很放松，因为它们已经知道，大象的出现就是它们的安全保障，而英属印度时期则不然，在那时，这便是死亡或重伤的前奏。尽管如此，老虎和人类一样，有着清晰明确的私有空间，拒绝外来入侵，会假装发动猛攻来表明立场。

它们也有自己的情绪，研究它们的人很容易辨认。它们可能暴躁、愉悦或者生气，而且和家猫一样，需要得到合适的对待。它们也有某些本能反应。逃跑会激怒它们，引发它们的追逐和攻击，这是全体食肉动物的共性，家犬也会被激怒。弯腰，更严重的是跌倒，都会刺激这种反应。成群结队弯着腰的人类，例如正在割草、准备草料，对于老虎来说，就像是一群令它们垂涎的四足食草动物。然而，一旦人类直起身来，老虎基本上就不会再把人类视为猎物了。凯拉什·桑科哈拉于1965—1970年担任德里动物园首位动物福利主管时，通过由他照管的老虎证实了这一点。雌虎和其他所有的母亲一样，会凶悍地保护自己的幼崽免遭攻击或劫持，但实际情况是，除非极其愤怒，否则雌虎和狗一样，只会吼叫示警，识相的人就会镇定地看向别处，慢慢离开。[7]

人和老虎总能在丛林里相遇，不过老虎和所有站在顶点的食肉动物一样，基本上会选择避开人，2000年前的普林尼对此有过记录，他在《自然史》(*Natural History*) 的第八卷写道：

> 虽然雌虎对其他所有动物都很凶猛，甚至对大象的脚印不屑一顾，可据说当它发现人类的踪迹时，会立即把幼崽带到别处去——可它是如何辨认的呢？或者说它之前在哪儿见过这个让它害怕的人呢？因为可以肯定的是，这样的森林人迹罕至。就算它们肯定对这种稀罕的痕迹感到惊奇，可它们怎么会知道这是需要害怕的东西呢？其实还可以进一步发问，它们的力气、体型和速度都远胜于人，可为什么连人影儿都要害怕呢？这些最凶猛、最庞大的野生动物可能从来没有见过应该害怕的东西，却

只没有条纹的老
出自一本12世
拉丁文动物寓
；配文称这种
"长有斑点"。

马上就能明白何时应该感到害怕，这无疑是自然法
则，也是它能力的体现。[8]

避开人的本能渴望，再加上近乎无边无际的森林和任凭
森林之王处置的充足猎物，意味着老虎难得与人接触，它们
通常既不需要也不想夺取人的牲口，直到 1800 年前后，英属
印度的人类活动增加了。

时常有人进入老虎的领地，比如村民和苏达班
（Sundarbans）的采蜜人，这是他们的生活方式使然。他们偶尔
会受到老虎的攻击，命丧虎口，可如果他们事先知道如何缓
和老虎的攻击性，改变老虎对他们的看法，悲剧本是有可能
避免的。无论是过去还是现在，这样的事有时会被视为对森
林的供奉，有时又被视为不可避免的不幸，就好比依赖汽车
的社会就要接受数以千计的社会成员因车祸而死，为了保持
一种特定的生活方式，这些代价在所难免。老虎几乎从未被
扣上吃人的帽子。

这一切都随着英国人的到来而改变了。英国统治者上层
阶级的灭虎行动开始了，后来又得到了印度王公的支持，对
身份地位的渴求激起了他们疯狂的杀戮欲，印度的野生动物
惨遭屠杀。印度总督的妹妹范妮·伊登在 1835 年写到了一个
小型狩猎探险队，仅由 260 名随行人员和 20 头大象组成，她
描述了队伍中的两位女士。"她们经常骑上大象，每天都去狩
猎老虎；她们谈论着老虎一跃而起的刺激场面，以及'见到
有 8 只老虎被杀的完美一天'。"4 个暑假，93 只老虎非死即伤，
这个令赖斯上校引以为傲的数字也算不上稀奇[9]；一辈子猎

象冲向奄奄一
的老虎》，塞缪
W. 贝克 (Samuel
Baker)《野兽及
j性》(Wild Bea-
and Their Ways,
) 中 的 一 张
l。

杀 1 000 只以上的也很常见。

1947 年，印度终于独立。这对于印度人民来说是一个伟大的日子，而对于老虎来说则是一个糟糕的日子，它们已经退无可退，徘徊在灭绝的边缘了。在英属印度时期，虽然大量屠杀老虎，但至少仅限于统治阶级。这种曾经仅限于上流社会的活动，如今被印度人民当成一种民主化活动加以利用，开始不分青红皂白地将老虎赶尽杀绝。业余猎手、狩猎运营者（把猎虎作为度假团体游项目来经营）、职业盗猎者和农民全都参与进来。仿佛这些还不够似的，人们还组织了大规模的狩猎活动，到处撒网、挖坑、设陷阱、烧毁森林。老虎的数量从 1600 年的远远超过 10 万只，1900 年的 5 万只左右，减少到了 1970 年的不足 2 500 只。

孟加拉虎根本不可能幸免于难。它们在睡觉和交配时，在进食和漫步时被杀害；胎儿从母亲尚有余温的身体里拿出来，为猎物数目做贡献；它们也无法逃离残存的一块块森林，那里是它们的栖息地。1800 年前后，屠杀真正开始升级的时候，每只与人接触的老虎都认识到，那是它们冷酷无情的敌人，从那一刻起，它们的反应几乎只剩下了恐惧。虎自始至终都处于一种紧张的状态，它们的森林日日夜夜被打扰，它们自己也在不断遭受折磨，于是它们和生活在战区的人们一样，变得更具攻击性，为的是避开折磨它们的那些人，它们在很大程度上比其他老虎还要孤单。森林里开始聚集起大量受了伤、痛苦不堪的老虎。爪子骨折、慢慢饿死的老虎；子弹嵌在肉里、伤口感染、有时还生了坏疽的老虎；爪子受伤的老虎——难怪它们变得凶恶。

猎虎结束》，出
威廉·T.霍纳迪
（William T. Hornaday）
《丛林里的两年》
（Two Years in the
Jungle，1885）。

　　猎人还杀死了老虎的很多天然猎物，包括蓝牛羚（一种
大型的印度羚羊）。印度独立后，野味一下子成了时髦，为了
供应城里的餐厅，这样的屠杀呈指数增长。蓝牛羚也成了濒
危物种。老虎早已沦落到了偶尔要偷吃牲口的程度，为了活
下去，如今几乎别无选择，只能去捕捉家畜。政府慷慨大方
地向农民分发枪支，颁发保护庄稼许可证，因此农民对幼崽
和雌虎一视同仁，毫不犹豫地进行杀害。

　　老虎的领地被开发，森林被洗劫以取得木料，或者被转
化成牧场和耕地。渐渐地，它们被迫退居在越来越小的区域
里，到头来只能在农田和村庄四周的小块地区生存。冲突是
无可避免的。老虎无处可去。它们很不情愿地不断与人接触，
行为也必然要改变，才能应对它们所处的完全不自然的环境。
举个例子，英属印度的屠夫们坚持认为，老虎是彻头彻尾的
夜行动物，当时无疑是这样的，原因主要有两点：首先是对
人类的极端恐惧，其次是在猎物的种类变得稀少的情况下，

夜间狩猎有额外优势。然而，在阿萨姆邦安宁的丛林中，汉利经常看见老虎在白天狩猎，如今在保护区也能观察到这种情况。环境的改变同样影响着其他动物的行为。例如在潘纳，令虎豹垂涎的斑点鹿会在夜里离开森林的界域，向保护区之外的村庄靠近，因为它们知道老虎会避开人类的居所。因此对老虎来说，在白天猎鹿更有利，这时的鹿会避开人类的居所，因为害怕被人类偷猎。

与人类接近，以及人类的行为，甚至对保护区内的动物也产生了这样的连带效应，似乎除非老虎的领地中足够大的一部分得到恢复，让它顺应真正的本性，过上安宁的生活——在我写下这些文字的 2005 年，这两点似乎都不太可能实现——否则它真正的历史，它的自然史，会永远无从知晓。

然而，它习性中的某些因素似乎依然相对恒定地保留着，它身为伏击的食肉动物的高超本领便是其中一项。它身上的

一只印度虎的典外貌。

不规则条纹组成了复杂的图案，腿上有横向的条纹，还有错综复杂的面部斑纹，被关起来时能够很清楚地看到。这一切都使它在不同的栖息地近乎隐形，不论是茂密的丛林，灰蒙蒙的落叶林，还是象草丛中。这件神奇的毛皮大衣给虎带来了很多好处。它可以在阳光和月光下酣睡，不用被各种猎物发出的警报打扰；它可以隐藏在猎物的视野中，直到决定猛扑过去的那一刹那；如果驱猎者试图把它赶出来时，它能稳住不跑，那么偷猎者就无法发现它。

老虎并不追逐猎物。它甩着尾巴，在领地里漫不经心地游荡，有时会造访熟悉的、经常去的地方，期待在那里见到它最喜欢的餐食——水鹿（最大的亚洲鹿，重270千克，站立时肩高1.5米）和花鹿（一种长着白色斑点的鹿），以及比较难以得手的大餐，包括野猪、鳄鱼和大水牛。它看似闲庭信步，直到锁定一只合适的猎物。它的初期策略是远远地围着这只动物绕圈子，为的是确定一条穿过任何遮蔽物的直接路径。爪子上厚厚的肉垫自然会消去虎的脚步声，不过为了在靠近猎物时保证绝对安静，它的后爪会直接踩在前爪的足迹上。它采用一种蹲伏的姿势，暗中前行，自始至终都在飞快地计算着弹跳的速度、高度和方向，以便落在猎物背上靠近颈部的位置。锁定了猎物的确切位置之后，它慢慢地抬起身体，尾巴直立，从厚重且柔软的肉垫中抽出利爪，蓄力腾空一跃，落在猎物背上，一口咬向猎物的颈部，果断利索。它会把一只爪子放在猎物面部，另一只爪子放在猎物肩部，铆足了劲儿把它压倒在地。猎物主要的颈部关节统统粉碎，脊髓的压力只需35～90秒便可让猎物丧命。如果猎物比自己还大，或者体型异常，例如猴子，那么它往往会选择让猎物窒息而死，从喉咙下手。猎物看似求生无望，但即便老虎百分之百瞄准了目标（有时也达不到），可如果这只动物向前冲出去，在老虎跳跃至最高点时处在老虎的下方——这时老虎所处的位置要比它打算落地的地方高出半米多——那么无法改变运动轨迹的老虎就会够不到猎物，这时它通常会放弃攻击，不屑于把剩下的精力浪费在追击上。如果它没能当场杀死猎物，就会尽力确保抓牢猎物的身体，使出十足的力道把它摔在地上，或者还可以咬断它的腿筋，抑或是折断它的腿骨，

亨利·卢梭的《
带森林：老虎与
牛的战斗》(Trop
Forest: Battling Ti
and Buffalo)，19
年，布面油画。

以便在地上从容地杀死它。

但即便是这种协调性极佳的食肉动物，也有大约 10% 以上的时间无法捕猎。如果它最初的一次弹跳判断失误，就没有第二次机会了，因为这个区域里的每一只动物这时都已经觉察到它的存在。猎物往往也会反击。体型较大的羚羊和鹿可以把它从背上甩出去，或者在它试图弄残它们时扭身挣脱。野猪的凶暴和力气举世无匹，可能会向老虎发起突击，殊死一搏，而老虎在这样的战斗中也远非战无不胜。另一种可怕的对手便是豪猪，它会全速往后跑向老虎，把身上的刺戳入它的皮肉。老虎可能杀死豪猪，但这些刺依然会嵌在它的喉咙或者爪子里，伤口往往会感染，使老虎无法进行高效狩猎，一段时间以后可能会因此丧命。老虎基本上还是知道要对这种小动物敬而远之，豪猪可以得到其他动物做梦都想象不到的特权，例如在老虎捕杀猎物之后捡些残羹剩饭。[10]

老虎只有迫于需要才会去杀戮。桑科哈拉就此写下了这段振聋发聩的话：

> 动物们知道老虎和人不同，它杀死的猎物够今天的份儿就满足了，并不关心明天。它需要多少就取多少，不会为了杀戮而杀戮。食肉动物和猎物之间完全可以互相理解。我生平头一次觉得生而为人是一种耻辱，连胡狼的信任都得不到，更别说鹿和羚羊了。

这样的特点意味着雄性水鹿几乎会挨着一只正在进食的

老虎饮水——老虎喜欢边吃边喝，也会用水来凉快凉快——
而雌鹿和幼鹿卧在区区几百米之外，无忧无虑，如今依然可
以观察到这样一幕。

在德里动物园，桑科哈拉每年要把 3 500 千克的肉喂给
由他照管的老虎，这个数字可能比它们在野外所需的还要少。
因为失败率达到 90%，所以老虎必须为自己的口粮努力奋斗，
森林生活中的例行公事，例如巡查领地、争夺配偶，都要消
耗卡路里，每周一只肉质饱满的花鹿是绝对最低要求了，这
样的假设很合理。即便是在食草动物充足、足以维持老虎种
群的森林，例如印度中央邦（Madhya Pradesh）的潘纳，老虎
想要在野狗面前获取食物也还有其他一些困难。这些野狗成
群迁移，经过了长途跋涉，它们有一个盛衰交替的周期——
往往是狂犬病爆发所导致的。它们平均每 4 年出现在潘纳一
次，通常会在 2 月到 10 月停留。对于老虎来说，这段时间非
常难熬。这些野狗是一种耐力极强的追击型食肉动物，让森

林里的食草动物疲于奔命，变得高度警觉，不断发出警报，把每一个森林居民都弄得心烦意乱，从叶猴到孔雀，这两种偶尔也是老虎的盘中餐。老虎依靠的是伏击，并没有追击的毅力，所以也受到了严重的连累，因为它的猎物一直在运动。老虎常常被迫迁移到其他地区，之前的领地就被栖息在树上的豹接管了，它们可以捕食生活在空中的动物。野狗离去时，豹的数量大增，但老虎又回来要求归还领地，并杀死这种食肉动物对手的幼崽，就这样恢复平衡。[11]

一旦抓到猎物，布置这顿大餐便成了一项漫长又复杂的任务。老虎首先把鹿的腰腿那里的毛拔下来，然后用舌头削掉皮肤，它的舌头上覆盖着角质化的尖利倒刺，摸上去"就

尔·韦尔拉（Cha-
Verlat）《被老虎
袭的水牛》（Buff-
Surprised by a
er），1853年，
i油画。

像有许许多多的针扎在手指上"[12]。然后它冲着尸体咬上去，进食可以开始了。或者它还可以像狼一样，撕开猎物的腹部，吃掉胃里的东西，然后再去吃内脏。

老虎各有各的进食习惯。有的能一口气吃掉 27 千克的肉，从来不吃回头肉，有的喜欢一顿大餐吃上几天时间，还有的喜欢"变质"（略微腐败）的肉，因为更软，更容易吃。但无论有什么样的喜好，老虎都很确信，如果不加留心的话，辛辛苦苦得来的美味就会被很有耐心的豹、胡狼和鬣狗糟蹋得只剩下蹄子和枯骨，更糟糕的是，心存歹意的人类也能找到这些残羹，接下来，头顶上盘旋着秃鹫和乌鸦，就轮到它了。

让·迪南（Jean D
and, 1877—194
的蛋壳漆画《森
或正在解渴的
虎》（The Forest
Tiger Quenching
Thirst）。

有的老虎会把猎物藏起来，把它拖拽到灌木丛中，用土、枯叶和石头埋起来。德赖（Terai）平原上，比利·阿尔然·辛格负责的保护区里有一只老虎，过去经常用牙紧咬着猎物游过一条河，把尸体藏在远处岸边的水下，这样地上的食腐动物就无法循着气味跟过来了，喜欢坐在水里进食的老虎也有了清凉又方便饮用的饮料。

世道总有艰难时，正如曾经的英属印度，甚至在如今的保护区里也依然可能如此，老虎会为了一只猎物而展开殊死搏斗。要想活下来，别无选择。有时弱势的一方会让步，因为在森林里即便是一个很小的伤口也可能致命。老虎的唾液和狗的一样具有杀菌作用，不断的舔舐可以预防感染，在这一点上人类的唾液效果要差一些。然而即便是老虎背上微乎其微的伤口，因为粉色的大舌头够不到，也可能危及性命，因为蛆虫会很快占领伤口，往老虎的活肉里钻，最终侵袭它的脑部。人们曾经见过老虎在泥里打滚，为的就是修复背上的伤口。泥本身可能有一些疗效，但重要的是防止蛆虫进入身体。其他的自我治疗包括吃草和泥，可以帮助消化，驱除蛔虫之类的寄生虫。

在保护区见到的老虎通常独自进食，不过虎妈妈总是把捕到的猎物分给自己的幼崽，即使自己已经很饿了，也会让幼崽先吃饱。但人们也能时不时地见到老虎分享捕到的猎物，尤其是正在求偶的老虎，曾经有这样的先例，多达 9 只有亲缘关系的老虎食用同一具动物尸体。

在野外跟踪观察老虎漫长的交配活动难度极大，老虎复杂的求偶和交配过程，即便只是看到一部分，也是一段珍贵又美妙的经历。雌虎在大约 3 岁时首次进入发情期，此后大约每 25 天发情一次，直到怀孕为止。为了宣告即将到来的受孕期，它会用一种混有尿液的麝香味液体，反复对领地的边界进行气味标记，还会精力充沛地不断咆哮"嗷呜呜嗷嗷嗷嗷嗷哦"[13]，咆哮声传入森林，直到召唤出一只或几只雄虎。雄性为了得到交配权，必须毫不留情地搏斗。它们在愤怒、兴奋的状态下，会撕扯彼此的皮肉，一直斗到筋疲力尽，而它们激烈争夺的那个光鲜亮丽的目标，却在漠不关心地旁观，梳理光亮的皮毛，等待胜者。曾经有这样一只自信满满的雌虎，三只雄虎为了得到它的青睐而争斗，而它——

> 变得娇俏妩媚，当雄虎舔它的脖子时，它开始玩闹般地抓挠新找到的配偶。它们开开心心地玩耍一阵子，然后它突然一跃而起，飞快地跳着跑开，进入丛林，雄虎也跟了上去，以惊人的速度追着它跑。上次我看到它们并驾齐驱地飞奔，在草丛中跳来跳去。[14]

虽然不乏温存时刻，但雌虎也可能会对雄虎非常粗暴，特别是在求偶的早期阶段，它会用爪子狠狠地拍雄虎，但雄虎不想惹它生气，所以会容忍这样的行为。

老虎可以交配 5 天，激情最盛时交配的频率高达每天 50 次，雌虎挑逗性地用身体摩擦配偶的侧腹，或者用鼻子蹭它的脖子，撩拨它的情欲。但在交配过程中，雌虎处在一个极易受伤的位置，雄虎的体重整个儿压在它的背上，紧紧地咬

住它脖子周围的皮毛。也难怪雄虎高潮的那一瞬间，雌虎会
把雄虎甩开，和它打斗，甚至会见血，然后筋疲力尽地倒在
地上，可过了几分钟就又向欲望屈服了。

　　特别是在怀孕的后期阶段，雌虎很容易受到攻击，也容
易挨饿。它的身体不如平常那样灵活，却需要更多的食物，
它形单影只，必须自谋生路，但好在它的孕期相对较短，只
有 15 周。对老虎的屠杀格外凶残时，雌虎一胎会生下多达 7
只幼崽，这也是生物进化时为了恢复平衡而采取的办法，但
当虎种群相对稳定时，这个数量通常是 2～3 只。

　　幼崽的体重大约是 1.1 千克，体长 22～39 厘米。和大多
数食肉动物的后代一样，它们生下来时是看不见东西的，所
以无法离开巢穴，"所谓的巢穴通常覆盖着密密麻麻的隐蔽
物，或者是粗粝的岩石"[15]，这样当妈妈外出狩猎时，它们也

不会陷入危险之中。雌虎非常注意保护幼崽，会叼着它们的后颈，动辄把它们带到另一个秘密地点。和所有哺乳动物一样，它们最初的食物便是妈妈的乳汁，它们会用强健的小爪子围绕着它的乳头按压，刺激乳汁分泌。它们很早就确立了吸吮乳头的次序，这将决定今后的生活里谁将成为幼崽中的老大。

幼崽两周大时，充满好奇的琥珀色大眼睛就睁开了，再过两周，它们事关生死的犬齿也完全长成了，两个月大时，它们享用了生平第一餐肉。随着身体的发育，它们的胆子也大了起来，会离开安全的巢穴，去突袭乌鸦，玩耍嬉戏，但妈妈感觉到危险时，会发出一种奇异的、酷似鸟鸣的声音，它的幼崽就会马上藏起来。妈妈和幼崽之间的关系热情洋溢，会用鼻子爱抚，互相依偎，为了这份纯粹的天伦之乐而发出陶醉的咕噜声。和家猫一样，老虎互相打招呼也是通过摩擦面部的腺体，雌虎与幼崽分开一段时间过后，也会尽情享受这项仪式，产生一种包含一切的气味，也是一种群体身份。大约 8 个月时，娱乐时间结束了，学习狩猎这件严肃的事情必须开始了，它们也与妈妈形影不离。它告诉它们哪里有水池，水鹿在哪里聚集，野猪在哪里拱土，叶猴在哪里荡树。它教它们跟踪孔雀和野兔，提防野猪可怕的獠牙。但这只是小孩子过家家，幼虎想要活下去，就必须有能力打倒比这大得多的猎物。妈妈会弄残一头鹿，也许是断了它的腿筋，或者是咬伤它的臀部肌肉，然后让它的幼崽把它杀死，通过这种方法训练它们。它们很快就能学会。

在英属印度时期著述的猎人坚称，虎爸爸对幼崽的抚养不闻不问，但这番描述要么有误，要么就是严重的迫害改变了它们的习性。汉利在阿萨姆邦幽深之处无人打扰的森林里观察了很多老虎家庭，据他观察，尽管幼崽很小的时候，爸爸似乎不在身边，但当它们大约4个月大时，它会回来，并且积极参与对它们的培养教导。雄虎和雄性的家猫一样，往往有两三个它经常造访的、不同年龄段的家庭，它会循着雌虎发出的气味追踪这些家庭的下落。雌虎的领地紧凑散布，而雄虎的领地彼此重叠，可能会覆盖多达4只雌虎的领地。在当代，人们见过伦腾波尔的老虎家庭一起在池塘里放松休息，双亲携手处理捕获的猎物，然后与幼崽一起分享这道大餐。

雄虎的存在对幼崽的生存同样至关重要。它常常在领地巡逻，让其他胆大包天的雄虎无机可乘，因为那些渴望传承血脉的雄虎会杀掉不是自己的幼崽，然后与它们的妈妈交配。当然了，雄虎有时会被打败，新的遗传血统也会随之建立起来。这本身对于多样性是很重要的，因为占据统治地位的雄虎会继续与前一只的原配或者原配的雌性后代交配。有些时候，当雄虎被打败时，它的配偶已经有孕在身，在这种情况下，为了挽救自己的幼崽，即便已经不处于发情期，雌虎还是会狡猾地与这只雄虎交配，骗它把幼崽当成自己的。

活到两岁的幼崽已经学会了所有能学的东西，必须离开家，在它们代代传承的森林里游荡，建立它们自己的王国，或者寻觅一个佳偶。它们的妈妈会进入发情期，在天鹅绒般的暗夜里咆哮，把最强健、最雄壮的雄性吸引到身边来。

生命循环再度开启。

第二章

尘世的激情
与精神的协调

如果说狮子是因为皇冠般的鬃毛和金砂色的毛皮而被视为皇恩与阳炎的象征，那么毛皮柔滑、充满异国情调的老虎，天鹅绒般富有光泽的毛皮下隐藏着的优美肌肉曲线，表现出的东西则更为基本、原始：雌雄两性的本质，以及随之而来的精力；柔软的官能性；力量、丰饶与生殖。大草原和平原上群居的狮子过着一目了然的生活，而老虎则不然，它是一种笼罩在神秘、黑暗与魔法之中的动物。在动物园或者其他被人类囚禁的地方，它华美的毛皮看上去是那么鲜艳醒目，然而它的家乡——斑驳的丛林、雪域荒原和尼泊尔德赖平原——却几乎能让它隐身。它时隐时现。老虎浑然无声地融入它的世界，犹如鬼魅幻影，来自一个我们只能在梦里想象的次元。和其他大猫不同，它不仅生活在地面上，还可以生活在阴柔、直观、富有创造力的水体中。它在丛林中隐秘的池塘里尽情享用清凉的深水，沿着苏达班红树林沼泽中难以通行的水路，孔武有力地游泳，在激起泡沫的海洋里劈波斩浪。

　　它反复用一种刺激性的、浓烈的麝香味液体对领地的边界进行气味标记，精力旺盛地吼叫，宣示自己的生育力，直到有一只或更多的雄虎给出回应。它化身为挑逗的雌性情欲，纵情释放，任由它们毫不留情地搏斗，只为在月光照耀的夜晚和炎热的白天不断享受狂野激情的特权，胜者可以骑在它身上，与它交合 50 次之多。即使到了今天，印度拉贾斯坦邦的男人吹嘘自己的雄风时，还会自称"两腿虎"[1]。一些民族与老虎共享那个难以捉摸的野性帝国，几千年来，老虎典型的性能力已经在这些民族的精神世界里留下了难以磨灭的烙印。这一点在中国体现得最为明显。

　　老虎的血肉之躯曾经在中国幽暗的松树林中犹如帝王般漫步穿行，在炎炎夏日的高山湖泊中懒散度日，在沙漠边缘踏足。虽然它现已几乎在这方土地上灭绝，某种程度上是由于它非凡的象征力，但它的灵魂依然明显遗留在中国风景画

了撒尿标记领地，
虎必须把阴茎反
又在后腿之间。

一只老虎的额头
清晰地展现了"王"
字，所有的老虎都
是如此。

的和谐与美学模式中，在欣欣向荣、活力四射的城市选址中，在无处不在的能量调节一切矛盾、使之和谐的道教中。它的星象意义上的本体以白虎的形式呈现，主宰八方来风，以及黑暗、丰饶、女性的阴之力，其能量搏动穿越了大地的起伏。它还保护受人景仰的祖先，守卫庙宇，它额头上发亮的金、黑、白三色斑纹清晰地表现出汉字"王"，宣告它为强大、勇猛的森林统治者，也是令人信服的皇帝、国家与军力象征。它是保护孩子、具有奉献精神的母亲，会无比凶残地追击偷猎它幼崽的人；它在炎热的白天里无精打采，却是这个世界里至高无上的食肉动物。它阴柔的体态中蕴藏着阳刚的力量，阳刚的体态中蕴藏着阴柔的力量：它是造物的神力，是完美的结合。

几千年前，中国人把天球分成四等分。南方的主宰是朱雀，北方是玄武，西方是白虎，东方是与它相对应的阳的化身、海洋的统治者、水和雨的神灵——强大的青龙。朱雀和玄武各自掌管夏季和冬季，因而也分别是阳、太阳和热与阴、月亮和冷的究极巨力。但按照道教的原理，青龙掌管春季，因此是阳逐渐占优、在夏季达到极点的过程，所以说青龙本身也保留了阴的成分，而白虎掌管秋季，阴逐渐占优、在冬季达到极点，它本身也保留了阳的种子。白虎和青龙也是用对立的属性和活动来保持彼此的平衡，恰似人类的两性本质，本身就带有异性的成分。在天空中，它们的二元性以天蝎座（青龙）和猎户座（猎户的头部代表白虎的头部）为代表，"它们在天穹的两端，永远此出彼没，彼出此没，因此被视为对立"[2]。天上如此，地上亦然，白虎和青龙的神灵在地上也能找到对应物，并把自身的力量注入其中，在丘陵、山地、山谷或其他地形处安顿下来，人们认为这些地形代表了它们的形态。

　　泥土占卜的古老艺术，或者说"风水"，便是由这种信仰发展而来的。"风水"从字面上看就是"风"（白虎）和"水"（青龙），它支撑起了中国景观的整个格局，不论是天然的还是人工的。安葬祖先，建立大城市，建造摩天办公大楼，甚至是最简单的住宅选址，都要由风水来指定吉利地点。世间万物，无论有无生命，其内部皆有能量，或者说"气"在搏动，为了让某个地点吉利，"气"必须和谐、强大：按照古代土占师的形容，白虎和青龙必须"呈一条弧线，彼此围合"。[3]青龙和白虎最吉利的位置是合在一起构成马蹄形，也就是说，有两处山峰、丘陵或优雅的起伏地形在左右两侧弯曲，汇合成马蹄形。最吉利的搭配是东方的青龙包含较高的丘陵、山脊或者山峰，而西方白虎的能量位于较低的起伏曲线上，当

虎与龙的阴阳能量结合时，气的力量最强。

　　忽视这些能量的威力会造成悲惨的结果，汉朝统治者的一位祖先的坟墓选址不吉利，就反映出了这一点。公元219年，管辂对此发表了评论，他被认为是那个年代最优秀的风水师和占星师。

　　　玄武藏头，苍龙无足，白虎衔尸，朱雀悲哭，
　　四危以备，法当灭族。不过二载，其应至矣。[4]

　　果不其然——汉朝灭亡。

　　广州从一开始就是一座熙攘、繁荣的城市，它的选址就截然不同了。东方坐落着被称为"白云"的连绵丘陵，代表

青龙，而西方地势较低，起伏不平，是白虎的完美化身。二者会合之地最为吉利，这绝佳的地段应当"像深居简出的黄花大闺女一样"藏起来，因为找到一个幽深之处至关重要，"好让龙和虎秘密交配"。[5] 土地如此，身体也是一样——如果说让阴阳的能量在土地格局上会合很重要，那么让它们在人身上，在无拘无束、情感开放的两性结合中会合，则必然更为重要。现存最早的《易经》文本要上溯至汉朝（公元前206—公元220年），陈述了一阴（女性）一阳（男性）之谓道（终极的通路或者秩序），由此引出的不断生成的过程叫作"易"，男女之间的性赋予万物生命。

这种结合的极致用符号表现，便是第63卦的完美平衡的对称，上面的"坎"代表阴、西方和白虎，而下面的"离"代表阳、东方和青龙的能量。

在性隐喻中，阳龙所代表的并不是水，而是火，因为它会迅速蹿升，也很容易被阴虎或者女性熄灭。这也难怪，阴虎以水的形式呈现，水确实能把火熄灭，也和女性的性欲一样，需要很长时间唤起，却平息得很慢。性行为经常被称为"龙虎戏"，在道教的修仙和炼丹文献中，常常用青龙和白虎来象征男女之间的性行为，以及男女有别的性能力。

很多道士通过炼丹和性交的实践寻求长生不老药和永生。在炼丹术中，白虎成了阳——男性、铅和火，而青龙成了阴——女性、朱砂和水。在炼丹术中，红色的朱砂与白色的铅结合，产生汞——大始。道士修炼的性技经常被称作白虎青龙之艺，专注于阴阳交融，借此达到内部的和谐，甚至是永生。他们认为阳气或者说龙的力量是有限的，精液是男子最珍贵的东西，需要好好保存。然而，在交合过程中，他越来越多地吸收了伴侣无穷无尽的阴气，或者说虎的力量。这对他的元气是一种巨大的补充，如果他能在高潮的前一刻守住精关，那么他强烈的阳气便会涌上脊柱，强化他的头脑和身体。这对他的伴侣也有好处，因为她的阴气也被激活了，并且在高潮时达到巅峰。事实上，女子必须得到全方位的彻

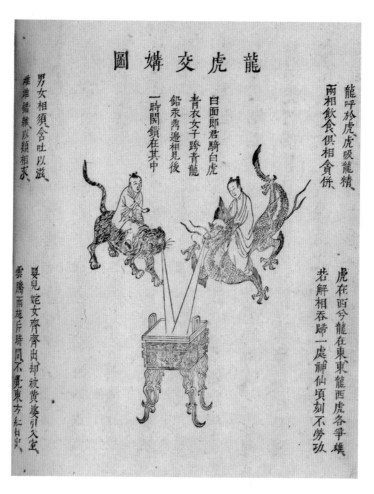

一幅中国炼丹示图，画的是虎与的结合，道士借寻求长生不老芝永生，约1615年

底满足，这样才会对双方的元气和健康都有好处。1973—1974年在中国湖南省马王堆发现了一些重要的古代道教原稿，其中推荐了很多促进和谐、有益健康的性交方式，首先是虎式，"女子像虎一样蹲伏，双手和双膝着地，弓背，男子蹲伏在她身后，双膝着地，环抱住她的腰，从后面插入"。[6]

天师道是道教的一个神秘宗派，在公元184年起义反抗汉朝。他们大力提倡随意、公开的性行为，认为这样做可以赦免一切罪恶，消除灾祸，这些观点使得佛教徒成为他们坚定的反对者。他们的指导手册《黄书》倡导成员们"龙虎戴（戏），三五七九，天罗地网。开朱门，进玉柱，阳思阴母日如玉，阴思阳父手摩足"[7]。这样的阴阳、虎龙交换，从西周起便见于青铜礼器，龙变得更像虎，而虎也带有龙的特质，形成一种赏心悦目、弯曲柔美的杂交产物。例如虎可以采取龙的姿态，转过头去看向自己的尾巴。[8] 在春秋时期，似虎的龙尤其多，鉴于这些能量的汇流具有强大的繁殖力，它们通常被称为螭龙。

老虎在中国占星术中也具有重要地位。中国占星术围绕着据说是公元前2637年由黄帝提出的农历而展开。这个古老的系统以60年为周期，包括5个基本周期，每个基本周期的长度为12年，对应着分为12个时辰的太阳日。传说佛陀召唤世间万物与自己作别，结果只来了12只动物。为了纪念它们的忠诚，他按照它们到来的顺序，以每只动物命名了一个农历年。老虎排在第三位，表示它主宰凌晨3点至5点这个神秘的时辰，这个时间段的月亮将大地笼罩在阴的力量中。在世界舞台上，虎年也带来了充满戏剧性的、极端的事件：政治

危机，丑闻频出，财富得失。从个人角度来说，中国占星师认为主宰一个人出生年份和出生时间的动物"潜藏于心"，影响着人的性格和命运。这样看来，美国终极的性感象征玛丽莲·梦露出生在热情、阴柔的虎年，或许就不足为奇了。同样出生在虎年的还有越南民主共和国的缔造者胡志明主席，他的身上结合了老虎的阳刚之气与军事力量，是第一位打败了美国的军事领袖。

亚洲人把老虎与性能力相关联，这意味着虎鞭、虎肾和老虎的其他器官都被视为壮阳药，少则数百年，多则数千年，对老虎来说实属不幸。一部 16 世纪的中国药典，对此早已有所提及。[9] 当然，要说虎鞭是壮阳药，那么春天里出土的鲜嫩芦笋美好的阳具形嫩芽也同样如此——这些神话已经成为文化遗产的组成部分，久久难以消亡。在 21 世纪，超级富豪有千千万，要想得到这种传奇性的肉，价格已经不再是障碍。经营老虎器官买卖的人们牟取暴利，对于偷猎者本身，这也依然是一桩值得去做的发财生意，即便只能得到最终价格的一个零头。然而，泰国的一些工厂面向中药市场，制造含有虎骨的专利"药"，"治疗"风湿病，还有另外一些终端用户对金枪不倒的"威力"兴致勃勃——"虎鞭被浸泡在一种奇异的酒里，以供中国高级妓院的嫖客大口痛饮"[10]——这些人的需求如此巨大，已经为老虎种群敲响了丧钟，将泰国的老虎种群减少到远不足150只，如今又预示着印度的老虎即将灭绝。事实上，在我写下这些文字的2005年，拉贾斯坦邦萨里斯卡野生动物保护区（Sariska Tiger Reserve）的整个老虎种群，以及中央邦潘纳老虎保护区老虎种群的50%都已经"消失"了。

亚洲的商业利益游说者孜孜不倦地谈及老虎养殖场的合法性，说它会减轻野生种群的压力。然而，杀死一只野生老

厂化养殖场中的
崽正在喝一头
猪的奶，泰国，
00年。

虎只需消耗一颗子弹，而在农场里将一只老虎养到成年却至少要花费 2 000 美元 [11]，显然偷猎的动机依然很强烈。如果老虎器官的交易合法，只会更加刺激需求，助长偷猎行为，对在野外冒着生命危险的护林员造成更进一步的伤害。

对于一只集中体现了野性自由与性能力的顶级食肉动物来说，几乎想不出有哪种命运会比为了异想天开的壮阳药而被圈养、被杀害更令人痛彻心扉的。尤其当伟哥这种药能够缓解甚至看似无药可医的阳痿时，更是令人备感痛心。奇怪的是，伟哥，或者按照印地语和乌尔都语的源头——梵语——中的拼法，Vyaghra，恰恰是虎的意思。不过按照制造这种药的辉瑞（Pfizer）公司的说法，这看似明显与老虎传说中高明的性技巧有关，其实不过是一个惊人的巧合。[12]

在印度次大陆，老虎也作为能力、生殖力和性的象征出现。然而它的肉、血和骨并没有被用作所谓的壮阳药，与它联系最多的，是抑制俗世的激情，将其转化为心理与精神上的力量。湿婆神器宇轩昂，雄姿英发，是忠实的丈夫，却也是令人欲罢不能的情人。他是毁灭者，是印度教三相神中在创造者梵天和守护者毗湿奴之后的第三相。然而他的毁灭是积极的，因为毁灭的是邪恶，从而实现净化，又为造物创造了条件。他的象征被单独崇拜，那是象征阳物的林伽，"填充着未来造物的一切可能" [13]，以及人类与自然辉煌的生殖力，以人相出现时，他几乎总是被描绘成围着一张虎皮，或者坐在一张虎皮上。

20 世纪上半叶，在拥有 4 500 年历史的印度河流域文明遗址摩亨佐-达罗（Mohenjo Daro），出土了数以百计做工精湛的铜板和图章。其中一枚描绘了一头水牛、一头犀牛、一头大象和一只老虎围着一个男人，这个人看似以动物之主（Pasupati）姿态呈现的原始湿婆。尽管动物之主普遍被认为是

度北部寺庙的一壁画，画中的湿围着一条虎皮缠书。

045

（左页图）一幅德
（Deccan）流派的
密画，画中的湿
与妻子雪山神女
arvati）在露台上，
1800年。

统领家畜的，但他可能也曾被视为统领野生动物，它们对一位神来说，当然和区区一头牛对人一样温顺。[14] 长久以来，湿婆也与老虎的力量、情欲和超凡的生殖力联系在一起。即使湿婆伪装成托钵僧，居住在幽林中的那些贤人的配偶们，也无法抗拒他的至尊美貌。贤人们恼羞成怒，施法迫使一只巨虎从一个隐蔽的坑里跳出来，去袭击这位至高无上的男性。湿婆只用一只手便杀死了这只猫科动物，从那以后，他就把它的皮围在身上，作为自己力量的象征。

在经典童话《小黑人桑波》（ *The Story of Little Black Sambo* ）中，桑波战胜了老虎，一些人将这场胜利视为湿婆力量的隐喻，特别是因为湿婆桑波（Shiva Shambo）是一种向这位慷慨大方的神致敬的舞蹈。然而，海伦·班尼曼 1899 年为她的孩子们写书的时候，到底有没有这种想法，似乎有待商榷。桑波穿着崭新的盛装华服——红外套、蓝色小裤子、有着绯红色鞋底和衬里的紫鞋子，还打着一把绿雨伞——在丛林中穿行，一只又一只的老虎把他当作美味的点心，扬言要吃掉他。由于这些动物贪慕虚荣，桑波便给了每只老虎自己这套盛装中的一件东西，让每只老虎都以为自己是"丛林里最神气的老虎"，从而以智取胜。没过多久，老虎们就开始争论谁才是最神气的，还脱掉华服打了起来。它们一只咬着另一只的尾巴，围着一棵树纠缠不休，越跑越快，最后全都化成了酥油。[15] 桑波收回了自己的衣服，把已经变了身的老虎带回家给妈妈做薄饼用，这也是力量的终极展示。

征服一只老虎，最终还是成为战胜世俗激情的隐喻，同时也是瑜伽士精神力量的象征，他们置身于荒野之中，坐在虎皮上，赤身裸体地冥想，被认为拥有驯服有形之虎的力量。伟大的莫卧儿皇帝贾汉吉尔在回忆录中写道，有一群瑜伽士，其中一人全裸，他们和一群兴奋的观众一道观看一头公牛与拉尔·汗（La'l Khan）的战斗，后者是皇帝的动物园中一只非常温顺的老虎。这只老虎立刻被赤裸的瑜伽士吸引住了，"像玩耍一样，完全没有任何怒意地转向他。它把他抛在地上，开始像对待自己的雌虎一样对待他。第二天，同样的事情又发生了好几次"。瑜伽士是否一直屈服于拉尔·汗的强暴，以此公开展示自己的力量？这种亲密接触必然给他带来了肾上腺素飙升的刺激，他是乐在其中，还是干脆进入了另一个精神次元呢？无论答案为何，可以肯定的是，他并没有受哪怕一丁点儿伤。然而，这到底是由于神奇的精神能量，还是因为这只从小就和人类一起长大的老虎认定人类对它来讲理所当然是异性——与人类一起长大的小狗也是如此，所以会试图疯狂地蹭我们的腿——因此对瑜伽士体谅有加呢？这些问题依然悬而未决。

从神圣的瑜伽士，到征服老虎以展示自己高超本领的世俗摔跤手，仅仅是一小步。在印度，沙坑中的正式摔跤比赛一直是一项非常受欢迎的运动。职业选手与老虎角力，并且征服它们，从而为经年累月的艰苦训练画上句号，曾几何时，他们还在王公们金碧辉煌的摔跤大厅内，为大笔奖金而争胜。很多摔跤手在演出和马戏中与温顺的老虎搏斗，以此谋生，但这种娱乐的终极倡导者是瑜伽士萨马坎塔·班纳吉，正是在他19世纪90年代的精彩非凡的表演中，世俗再次变得神圣，因为在迦利格特（Kalighat）艺术中被赞颂的他，是一位被超凡力量保佑的修行者，而摔跤时的他，是一名瑜伽士。[16] 虽然内心里觉得自己是一名真正的瑜伽士，但他并没有对物质世界的必需品熟视无睹，1897 年，在弗雷德·库克马戏团（Fred Cook and Co's）大获成功之后，他开始了自己的事业。很快，加尔各答政府大楼的御前表演已经不再稀奇，在特里普拉（Tippera）土邦主的坚持下，他甚至与一只几天前

830 年的一幅迦各特民俗画，画的男人（可能是马坎塔·班纳吉）在与一只老虎⋯⋯

才抓到的野生老虎角力。1904年，他回归老本行，在博瓦利（Bhowali）建立了一处隐居所，下半生围绕吠檀多撰写了大量著述，这是印度教哲学和智瑜伽体系的一个分支，引导个人开悟。

印度中部的世界遗产地克久拉霍（Khajuraho）的中古寺庙以奇特的情色雕刻而闻名。对这些雕刻的解释不尽相同，有人说这些春宫图反映了一个没有道德观念的世界，也有人说生动地表现了性作为生命天然的一部分所带来的创造力与欢愉。男女交欢的雕刻"密图那"（maithunas）必然被视为吉祥之物，经常刻在门上，与之相伴的是动物或者神话中的狮兽（vyalas），这是一种奇特的四不像动物，有着老虎或者狮子的身体，在波斯和印度各地被视为一种有保护作用的动物，也是性即情欲（kama）的抽象表现。如今，克久拉霍的导游们还在反反复复地郑重告诫，虽然一切都是被允许的，但征服欲望才是通往精神开悟的途径。虽然导游们将狮兽说成是情欲的象征，却还是一口咬定它们就是老虎——老虎的激情本性显然已经结结实实地印刻在这个地区的灵魂之上。

印度的另外一些群体、部落和独立艺术家把老虎的绘画、舞蹈、素描和雕塑作为一种生殖力的象征加以运用。甘加·黛维便是其中一例，她来自比哈尔邦（Bihar）的弥萨罗（Mithila）地区，是一位才华横溢的画家。围绕这些象征的婚礼和仪式主要发生在kohbar-ghar，或者说洞房里，这些房间的墙上布满了吉祥的符号、形象和图式，重点是男女的结合，表示生殖力和新生。它们为新婚夫妻赐福，而夫妻是经过了

新德里手工艺博

馆藏甘加·黛纟

弥萨罗风格墙画

三天的禁欲才最终圆房的。这些形象包括太阳、月亮、莲花——它从池塘里长出来，别具一格的外在表现和池塘里的生灵一起画在前墙上，是女性受胎能力的独特象征——以及象征男性的竹林。侧墙通常用艺术家认为格外引人注目的神话场景或符号来装饰。甘加·黛维所画的一面侧墙现藏于新德里手工艺博物馆。她在这面墙上，以细腻的风格画出了象征男性能量的太阳，挂在一只老虎的头顶上方，老虎毛皮上的棋盘图案，和洞房中初享鱼水之欢的夫妻身下厚芦苇垫子上的图案一样，象征男性的性能力和性潜力，老虎的身旁还有一只风格独特的幼崽，这当然是代表了夫妻婚姻的结晶。风格鲜明的莲花围绕在老虎的四周，代表女性的力量。

对虎神的崇拜渗透了沃里族（Warlis）的整个文化。虎神被称为 Vaghya，以及 Vāghadeva，沃里族通过舞蹈表达对老虎性潜力和超强生殖力的崇拜。他们在 11 月庆祝一个盛大的生育节日，为期一个月的舞蹈也达到高潮，此时恰逢田野里新生的植物繁花盛开，节庆随着虎神的法会而结束。跳最后一支舞时，男人和女人分别围成一圈，手臂挽着手臂，脸朝内，围着阳具形状的乐器、像喇叭一样的 tarpā 跳舞。他们随着音乐，动作越来越快，不停地旋转，而 tarpā 演奏者则是"在舞者围成的圆圈中央，上上下下地举着硕大的喇叭，表现生殖行为"[17]。2 月和 3 月，是沃里族一年仪式周期的最高潮，需要一个压轴节目来安抚自然之力，为新生活铺平道路。此时自然是结婚的旺季，但在可以举行世俗婚礼之前，用叶子抚慰人心、用影子庇佑大地的阴柔的聚果榕树，必须与虎神成婚。

（上图）在这幅
拉卷轴上，怀
女主角被两只
和蔼、富有人
虎保护着，约
年，纸本。

（左图）罗马镶
中的巴克斯骑
只老虎，这幅
1世纪 或2世
镶嵌画是在伦
德 贺 街(Lead
Street)地下发现

老虎对于西方，是真正的外来物，从其东方的安身之处运过来极其困难，据普林尼所言，西方人第一次见到老虎，是在公元前11年呈献马切罗剧场（Temple of Marcellus）时。它被关在笼子里，温顺而又憔悴，可能是某位印度国王送给奥古斯都皇帝的礼物。但即便被关在笼子里，老虎仍然保留了几分浓艳的官能性和享乐主义气息，因为到了公元1世纪或者2世纪时，巴克斯被画成了骑虎的形象。巴克斯是酒神与神秘狂喜之神，又名狄奥尼索斯，崇拜他的信徒们因放浪行为而声名远扬。人们相信他曾经游历印度，这样的描绘也可能是象征着这些旅行。

英国人侵占印度时，也领悟到了老虎固有的力量和官能性。但这种认知混杂了帝国主义视角，将老虎视为代表印度国民的一种猫科动物，于是他们很快就大开杀戒。他们把这

比利时画家让－约瑟夫·韦尔茨（Jean-Joseph Weerts，——1927）在他的工作室中。

（上图）1896年前
的一张摆拍照片里，
一名虚荣的女子□
在一张虎皮上。

（下图）老虎劫持□
名衣衫半露的欧洲
子的戏剧性事件，□
自G. P. 桑德森□
P. Sanderson）□
《与印度野兽为伴□
十 三 年》（*Thirte*
Years among □
Wild Beasts of Ind
1882）。

种大批量的死亡视为统治地位与男性力量的象征，夺走华贵厚重、鲜艳明丽的虎皮，把它们变成死气沉沉的外套和地毯，送给情妇或者妻子，借此将死亡带来的性刺激传递给女性。闪耀着天鹅绒光泽的金色毛皮，此时却难逃虫蛀的厄运，消殒在英国本土各个郡县的中产阶级住宅中。

老虎已经不仅是生殖力的象征，更是沾染了直白的、尤为女性化的性意味。这形象似乎驻扎在西方人的灵魂深处，显现在艺术、广告甚至是梦境中。萨尔瓦多·达利在1944年的杰作《醒前一瞬间绕着一个石榴飞舞的野蜂引起的梦》（*Dream Caused by the Flight of a Bee around a Pomegranate a Second before Awakening*）中，把妻子加拉（Gala）讲给他的一个梦具象化了。达利沉浸在弗洛伊德的精神分析理论所带来的刺激中，大胆地昭告世人，这幅画是外部刺激影响梦境内容的首个例证。在这幅画中，他声称鱼代表男性能力，装着锋利刺刀的步枪代表阴茎，石榴代表女性的生殖力，而从鱼的身体里出来的强健有力、势不可当的老虎，完全就是加拉潜意识里对两性结合的冲动被赋予了形态。

西方的小明星和模特也与老虎贴合，希望从老虎性技高超、官能性强的名声中受惠，她们在虎皮上摆出半裸的造型，粘着长长假睫毛的明眸，闪耀在毛皮已然黯淡的老虎呆滞的玻璃眼珠旁边，或者身披虎皮大衣，媚眼如丝。就连玛格丽特·撒切尔也无法对老虎所象征的权力和反映出的魅力无动于衷：她自比母老虎，被《太阳报》《每日快报》《每日邮报》《每日电讯报》争相报道。随着20世纪匆匆流逝，追求地位的西方女性有了把虎皮穿在身上的需求，同样不幸的还有

豹，这种需求助长了屠杀。即使到了 2004 年，据说对待这种在灭绝边缘徘徊的动物的态度已经有所改变了，然而骑士桥（Knightsbridge）的哈洛德百货公司（Harrods）却还有一面彰显奢侈与官能的橱窗，展示着一张这个时代的照片。[18]

象征符号很快就变成了实实在在的商品，虎皮价格直线上升，20 世纪 50 年代，一张虎皮的价格是 50 美元，60 年代初是 500 美元，到了 60 年代末，在德里，地毯和外套的价格是 10 000 美元，对虎豹的杀戮变得势不可当。偷猎者为了不破坏毛皮，开始使用化学制品进行大规模的毒杀，例如使用污染了整个环境的 DDT。另一种不留痕迹的方法是把一根烧红的拨火棍捅进这种猫科动物敏感的肛门里。此时的伦敦，20世纪 60 年代高雅的模特们穿着虎皮外套摆造型，同时把虎崽钳在怀中，充满爱怜地对它们微笑，实在是无心的讽刺。到了 1961 年，菲利普亲王还在拉贾斯坦邦的伦腾波尔享受着猎杀老虎的乐趣。

凯拉什·桑科哈拉为濒危的印度野生动物孜孜不倦地奔走，他花了大量时间调查皮毛交易，1967 年，调查结果登上了《印度快报》（Indian Express）头版，引发轰动。印度举国震怒，实施了斑点和条纹毛皮出口的全方位禁令。1969 年 11月，国际自然保护联盟（International Union for the Conservation of Nature and Natural Resources，IUCN）在德里召开会议，英迪拉·甘地在开幕演讲中宣布："我们需要外汇，但不能以这个国家最美好的一些动物的生命与自由为代价。"[19]11 月 29 日，桑科哈拉向国际自然保护联盟宣读了自己的报告《正在消失的印度虎》，老虎也作为濒危物种被收入红色名录（Red Data

Book）。由桑科哈拉担任秘书的专家委员会所出具的、关于老虎数量减少的报告，毫不客气地抨击了林业部对野生动物的疏忽。这激怒了他的同僚们，但这份报告扭转了破坏与疏忽的趋势，为未来的保护措施勾画了蓝图，这些措施包括至关重要的 1972 年野生动物保护法令，以及老虎工程（Project Tiger）的开展，后者的目标是将这种有条纹的猫科动物从灭绝的边缘拉回来，至少是短期的。

在西方，人们不再公开穿戴老虎的皮毛，尽管在东方，还是有不法之人把它作为衣服上的装饰来炫耀，它性感、威武的形象依然魅力不减。

印度仆人在虎皮毯的环绕下摆造型，19 世纪 70 年代。

的《虎傍湍流》
r by a Torrent)
立轴，设色

。

在当代，除了用人体彩绘颜料把自己变成猫科动物官能性的象征以外，一些人还选择用它的形象来文身。整背文身非常流行，这种文身令人极其痛苦，因为这个区域特别敏感。文身在日本源远流长。整背文身的构思产生于 1700 年前后，当时的法律严令禁止皇室成员以外的任何人穿华服，因此中间阶级转而用文身来装扮自己。在日本，文身是作为一门美学艺术发展的，在 18 世纪和 19 世纪的全盛时期，经常由被称作浮世绘师的木刻艺术家来完成，他们只是把刻刀换成了锋利的针而已。他们的艺术得到了温暖肉体的完美诠释，文身者简直成了艺术品，自觉接受了用来装扮自己的事物的灵魂熏陶，无论它是人还是动物，是虚构的还是真实存在的。跨文化交流让西方接触到这些华美的设计，如今，伦敦康登（Camden）的 Flamin' Eight 之类的文身店顾客，依然喜欢这种流派的老虎，也就是所谓的"彫物"。男人尤其把整背的老虎文身视为阳刚之气的表现。

老虎在算命牌上也有一席之地，代表激情和新恋情的可能性，不论正当与否，而仅仅是它的名字，就能赋予产品强烈的性吸引力，例如虎牌啤酒。

在一个形象决定一切的世界里，老虎正在走向灭绝。除非那个形象可以改变，而且是迅速改变，就像香烟的形象在公共卫生宣传的操纵下，从性感装饰品变成了臭烘烘、讨人厌的嗜好，否则就只有在工厂化饲养场和动物园里才能见到老虎了。

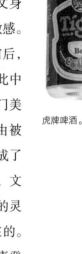

虎牌啤酒。

第三章

形象的威力
与现实的力量

上一章展示了老虎的性能力和富有官能诱惑力的形象如何影响它的个体命运，产生许多不同形式的文化表达。像老虎这样强大又聪明的动物，会吸引人类去利用它的形象与行为，来强化他们自身的地位，助长个人的雄心，增进善恶两方面的文化。在这一章中，我们会审视其中一些角色，从仁慈的女性守护者和爱国符号，到肮脏、骇人、邪恶的杀手，并且思考它的形象如何帮助它成为曾经名副其实的东方森林守护神。

　　西方帝国主义者给老虎树立起来的名声几乎全是恶名。身为伏击肉食动物，它高超的技巧被用来昭示它的"不光彩"；受伤和受到迫害时，它倾向于进行报复，这也被视为对人类的血肉难以抑制的渴望。在一只邪恶猫科动物的掠食行为面前，部落和乡村的民众扮演着惊惧万分、无能为力的角色。帝国主义者大笔一挥，就这样把自己的地位抬高到本地人之上，把骑在象背上的轻松杀戮变成了英勇的决斗，将他们的消遣合法化，让森林变得更加容易破坏。这些英雄把水牛犊放在那里当诱饵，从高处的狩猎台（machans，隐蔽场所）安全无虞地射杀老虎。他们射杀老虎的时候，直直地站在象背的象轿上，10、20、30或40只大象为一组，周围是一群骑马的驱猎夫。另外还有一些准备妥当的人，万一老虎给所谓的猎人造成麻烦，他们就去把老虎处理掉。他们在老虎交配时，甚至是在洞穴里休息时开枪射击。这个职业几乎没有任何危险可言。因此，为了体现英属印度这些公仆的大男子主义和地位，把老虎渲染成一种可怕、危险而又卑劣的野兽至关重要。

帝国主义者将老虎视为"纯粹可怕的东西"以及"令人

猎虎人，1910—
920年。

深恶痛绝"，并且凶狠残暴、"嗜血渴望永不餍足"。然而至少还有一名英国人与帝国主义观点对抗，保护了老虎。他就是非常了解老虎的爱德华·T.贝内特（Edward T. Bennett），一位博物学家，曾经是伦敦塔动物园（Tower Menagerie）的主管，他勇敢地指出，老虎已经"被压在它的自然层级之下，惨遭降格"，而且只有"当饥饿难忍，再怎么强大的本能也无法抑制时"，它们才会想到要吃人。贝内特还语带赞美地将老虎与英帝国主义的猫科宠儿——狮子——进行了比较，在他的笔下，老虎拥有——

　　轻盈灵动的体格，让它天生的灵活发挥得无拘无束、自由自在，它的动作优雅自如、活力四射，美丽自不必说，它的颜色分布整齐匀称、生动鲜活……

　　……它可以轻而易举地被驯服，和狮子一样彻底，它很快就能亲近喂食者，学会把他们和其他人区分开，它喜欢得到他们的注意和抚摸，就像猫一样……用手抚摸它时，它会弓起宽阔有力的背。

由他照料的动物中，有一只孟加拉虎深受他的喜爱，这只老虎是由东印度公司的一艘船运过来的，曾经"在马六甲半岛上和另外两只幼崽囚禁在一起"，在那里，它——

　　与一匹小马和一条狗一起生活了长达 12 个月，

却没有表示出哪怕一点儿伤害同伴或者任何接近它
的人的意思……一路上，它非常温顺，让水手跟它
玩，而且好像还很享受他们的抚摸。把它放在现在
这个洞穴里时，它郁闷了几天，但如今似乎已经恢
复了原来的好脾气，完全融入了这个环境。

贝内特认为这只老虎之所以性格友善，是因为它来到伦
敦塔之前从没吃过生肉。它非常热衷于吃生肉这件乐事，但
贝内特注意到，即便如此，"它也绝对没有失去喝汤的胃口，
反而会心急火燎地咽下去"[1]。

但帝国主义者的敌意和公众舆论不会被区区一个动物园
管理者的意见左右。鲁德亚德·吉卜林在《丛林奇谈》中用

属印度支那一次
虎行动的归来。

同情的笔调描写了每一种动物，包括另一种被人类大肆中伤的食肉动物——狼，可即便是这样一个人，在写到老虎谢利可汗时，也只剩下鄙夷，用的是典型的英属印度风格，把它刻画成一个杀人凶手，认为人类婴儿毛格利理所当然是它的食物。就连丛林里的动物们也都看不起这个"长着条纹的家畜杀手"，它偷袭家畜是由于一只爪子受了伤，无法捕捉到大自然中的猎物。这些动物进而厌恶它，因为"杀人意味着迟早要招来骑着大象、扛着枪的白人，以及数以百计带着锣鼓、信号火箭和火炬的棕色皮肤的人"。当然了，按照那个时代的文化，毛格利最终还是把谢利可汗引入陷阱，让它在那里被家畜踩死，从而实现了复仇。然后毛格利剥了它的皮，在它的皮上跳舞，还穿上了它"华美的条纹外套"，作为威力的象征。

吉姆·科比特（Jim Corbett，1876—1955）是英属印度主要的猎虎者之一，他通过令人毛骨悚然的描写，驾轻就熟地操控着老虎的名声。他本人好似英勇的救世主般登场，可事实上却是贪慕权势地位之人。他是真正的讲故事高手——他在《库蒙的食人兽》（The Man-Eaters of Kumaon，1944）中叙述的、据说是真人真事的惊险故事，甚至被一些印度学校用作教材——他的书在英国和印度激励了一代易受影响的儿童，他们渴望与这种有害的条纹食肉动物决斗，让它明亮、灵动的琥珀色眼睛化作尘埃。

按照科比特的说法，吃人的是那些过于老迈、无能为力的老虎，或许是因为豪猪的鬃毛嵌在了它们的嘴里或者脚掌里，这种原因很常见，也可能是那些病得太厉害以至于无法

（右页图）民间传讲述了偷猎者是何带着虎崽逃脱的他们会把一面镜丢给虎妈妈，使分心。一本英格动物寓言集中的饰画，约1200年

Que retro fr obliuifcenf ad deftinatu intedo bm
uiu fupne uocauoni. Er dut ineuiglio dit. Bi
mitte mortuo sepelire mortuo. Tu au uad.s oere me

igris uocata ppt uoluere fuga. ita. H. no
minauit ipse greci. medi sagitta. Est enim
bestia uariis distincta maclis. irute ueloci
tate mirabilif er cui noie fluui tigis appellat
q hic rapidissim sit oimum fluuioz has mag
hircania gignit. Tigis u u uacui rapte sobo

杀死其他猎物的老虎。死在科比特手里的第一只食人兽是恰姆帕瓦特（Champawat），据传它在尼泊尔吃了200个人，然后被赶到库蒙，4年里又杀死了234个人。科比特在杀死恰姆帕瓦特之后，报告称"它嘴里右侧的上下犬齿都断了，上犬齿断了一半，下犬齿则是断得只剩骨头。它牙齿的这种永久性损伤——是枪击伤造成的——让它无法杀死猎物，也是它成为食人兽的原因"。即使承认命丧虎口的人数是真实的（应该注意的是，老虎造成的死亡被人类视为报仇算账的绝佳借口），可倘若人类是它唯一的食物，那么这只老虎杀死的人绝对不足以支撑它活下去。在动物园环境下，要想养活一只老虎，每星期至少需要68千克的净肉，而不是连肉带骨。一名村妇的平均体重大概是50千克（而死于恰姆帕瓦特之口的还有一些小姑娘）；在这种情况下，她的骨骼大约重9千克，剩下的还有40千克左右，而且也不会都被吃掉。恰姆帕瓦特身体状况很糟糕，半饥半饱，必然无法在杀死最后一人之后，还能"越过峡谷，消失在某片茂密的灌木丛中"。

在科比特的故事里，几乎每个本地人都处在"可怜兮兮的恐惧状态"。在一个村子里，直到这位大人物"安心地喝起一杯茶，一扇扇门才小心翼翼地打开，惊魂未定的居民们才现了身"。有一个女孩亲眼看见自己的姐妹被恰姆帕瓦特杀死，自己也被吓成了哑巴，当科比特把老虎已经死亡的消息告诉她时，她又能说话了，这一切仿佛奇迹——科比特的故事里到处都是奇迹。科比特还写道，恰姆帕瓦特把最后一名受害者的手指整个儿吞了下去，他还毫不讳言，说："有这样一种看法盛行，认为食人兽不吃人类受害者的头、手和脚。

这种看法是错误的。如果不被打扰的话，食人兽什么都吃，包括血染的衣服。"老虎的舌头特别适合把肉从骨头上锉去，与适应了大口吞食、从宽阔的喉咙咽下去的犬科食肉动物不同，老虎和家猫一样，对食物很挑剔，每一口都要细嚼慢咽。与犬科动物和鬣狗不同，老虎不会把裂开的骨头敲破，也不会去啃咬。然而，这样的说明反而让虚构的故事更加刺激，一直延续到印度独立后的猎虎潮，那时，安排狩猎旅行的公司会制作村妇戴的手镯，声称这些手镯是在食人兽尸体的胃里发现的，让那些容易受骗的顾客大呼过瘾。[2]

科比特爱好打猎，而且在总督的照顾下（林利斯哥勋爵为《库蒙的食人兽》作序），如果他认定某只老虎吃人，那么他的判断便是无可争议的。对野兽的杀戮，甚至比通常情况下对老虎的诽谤更危险、更凶恶，这也让他看上去比其他猎人更霸气、更勇敢，这样的欲望埋藏在他的灵魂深处。当然，他很少让自己陷入真正的危险，而莫卧儿皇帝和宫廷里的猎人则不然，他们享受危险情境所带来的刺激，想要在身体和精神上与这至高无上的食肉动物斗上一斗。阿克巴（Akbar，1556—1605 年在位）打猎时常常只带一弓一箭。贾汉吉尔经常步行打猎，虽然他和随从都配枪，但他们经常与老虎有身体接触，也受过实实在在的伤。他们扭打搏斗，滚成一团，用以自卫的只有匕首和棍棒。莫卧儿帝国的人们当然也对老虎的名声大肆渲染，但他们视其为可怕的、值得与之一战的对手，即便它是"一头畜生"。杀死这样一个高尚、杰出甚至是帝王般的对手，胜利者会得到莫大的勇气和令人敬畏的名声。老虎的名声正是如此，开国皇帝巴布尔就被称为"老虎"，而末代皇帝奥朗则布（Aurangzeb，死于1707年）把它用作自己的权力象征，用它的形象装饰最好的宝剑的剑柄。虽然莫卧儿帝国的人一直保留着打猎的记录，也和其他很多民族一样对斗兽乐在其中，但比起记录上的数字，他们更在乎因真正的勇气而获得的荣誉。贾汉吉尔皇帝在48年的狩猎生涯里，只杀死了86只老虎和狮子。英属印度的底层公务员一天能射杀9只，而且绝对安全，只为取乐。

如果说西方帝国主义对老虎极尽诋毁之能事，是为了在其代理人屠杀它的时候，美化他们的名声，那么东方宗教把

《守夜》，出自 G. P. 德森的《与印度兽为伴的十三年"

它描绘得举世无匹，令人肃然起敬、叹为观止，也是为了在其代理人——僧侣、圣人或者神话中的人物——杀戮或者征服它的时候，抬高他们的声望。例如在古老的道教中，八仙居住在一个神奇的世界，那里妖魔鬼怪横行，有龙，当然也有老虎，八仙常常被描述为扮成老虎收拾或是戏弄对手，或者显出令人眼花缭乱的奇妙神力，征服威风凛凛的老虎，保护弱者免遭它们的大肆劫掠。公元200年前后，从印度远道而来的僧人将佛教传入中国，从此道教开始式微，这些非凡的人物也与佛教中的人物在奇异的文化融合和神话故事中混在一起，其中往往包含着这种美妙的条纹猫科动物。

这些僧侣中最有名的一位是7世纪的佛教徒三藏，又名玄奘，为了取得真经，他从中国旅行至印度，这段真实的旅程在16世纪中期被吴承恩改编成了一个精彩绝伦的故事。三藏历经重重磨难，有一次，他被一名猎人从虎口救下，那猎人与这只骇人的野兽搏斗了一个小时，最终用"钢叉尖穿透心肝"结果了它，揪着耳朵把它拖走了。三藏钦佩不已，称赞道："太保真山神也！"猎人的老母亲把虎肉烧熟了，把滚烫的佳肴放到和尚面前。吃素的和尚没法跟大伙儿一起吃，可猎人却吃得很香，无疑是吸收了虎的超凡之力，如今的人们在吞食工厂化饲养场养殖的虎肉时，也是怀着这样的希望。

道教中的神猴被迫成为三藏的弟子，他只用五个字"业畜！那里去！"便征服了另一只老虎，展示了相比于猎人的绝对优势。这只老虎蜷伏在尘土间，不敢动弹一下，却挨了当头一棒，血溅满地。然后猴子给这只老虎"脱了衣服"。他从脑袋上拔下一根毫毛，吹了口仙气，毫毛就变成一把尖刀，他用这把刀直直地切开虎皮，一整块剥了下来。接着，他把老虎的爪子和脑袋割了下来，把虎皮裁成四四方方一大块，穿在了身上，昭然象征着他的威力。

当中国的小说和插图书开始繁盛之时，其中所表现的凡人也胜于老虎。《水浒传》是中国小说中最重要的作品之一，讲了一个拉拉杂杂的冗长故事，主角是游走在乡间的好汉们。它的背景设定在公元1119—1125年，而且有可能是在那段时期构思出来的，不过现存最早的版本是16世纪的。它以文字浮于插图之上的形式呈现，是一种早期的连环漫画。好汉们代表着对当时统治阶级和剥削压迫的一股反抗之力，因此喝醉了酒的武松一定要与掠夺成性、令人畏惧的老虎搏斗，并且打死了它，也就不足为奇。几百年过去了，中国的孩子们依然为这个故事心潮澎湃，武松也一而再再而三地出现在中国的电视上。

景阳冈武松打虎。16世纪中国小说《水浒传》中的一幅插图。

虎救父，20世
50年代陈少梅所
的中国民间故事
图。

在野性犹存的苏达班，伐木者和采蜜人严重扰乱了老虎的栖息地，所以他们强烈地感觉到必须使它臣服，而增强真实和虚构的圣人的能力，借以支配这种麻烦的动物，则是一种有用的社会政治工具。土生土长的印度教徒崇拜南王（Dakshin Roy），他是当地的神，能够把老虎移动到任何地方，从而保护他的信徒。然而，移民带来了他们自己的女神，亲切和蔼的巴纳比比（Banabibi），她也支配着这些猫科动物，经过数十年，甚至数世纪，一套神话发展了起来，巴纳比比通过一次次战斗和考验，渐渐取代了南王，如今，信徒都在敬拜这位至关重要的神。

某些特殊的人类也可以掌握支配老虎的能力，无论是虚构的还是现实的，然后他们就会被尊为神或者圣人。这一点在对穆斯林圣人巴里汉·加齐的崇拜上体现得最为明显，他也与南王水火不容，并且胜出。加齐奇迹般的丰功伟业，以及对不敬拜他的人们施加的惩罚，都在美妙绝伦的孟加拉卷轴上受到赞颂。对他的崇拜能够从苏达班向外传播，他的穆斯林信徒也能通过绘画向印度教徒展示这位圣人的神力。加齐有一副形象尤为引人注目，他和南王一样，坐在一只老虎身上，把它当成自己的坐骑。

孟加拉圣人加齐（约活跃在1795—1804年）传说中的一幕，孟加拉卷轴约1800年。

在马来半岛，来自苏门答腊的葛林芝（Kerinci）商人使用老虎的形象自有其特殊用意，他们为之增添了一丝超自然意味，并自称是虎人，可以随心所欲地变身，从人类形态变成条纹猫科动物的形态。首先双手变成巨爪，缩回来的爪子随时准备把肉撕碎；人类软弱无力的双腿随即变得肌肉暴凸，颜色也发生变化，直到被平滑的金褐色皮毛覆盖，长着条纹的尾巴垂在两条长腿之间；最后是一颗大脑袋，露出坚固的白牙。[3]虎人以这种伟岸的形态为身为人形时所遭受的侮辱复仇，他能够除掉碍事的丈母娘，或者不忠的配偶，更恶劣的是，他还能杀死决定整个村子生死存亡的水牛，来满足自己身为老虎的嗜杀之欲。商人们创造的这个神话非常成功，以至于整个半岛上的人们都无条件地相信。就连马六甲的葡萄牙传教士都被骗了，在1560年，他们郑重地将很多这样的人形老虎精逐出了教会。[4]

对老虎这种恶意中伤的描述在摆脱竞争对手或者丑老婆时，当然是一颗便利的烟幕弹，对于印度次大陆的居民也是如此，但这也给商人们大开绿灯。虽然这些商人中有些很阔绰（他们所在的地区产金子和金粉），但大多数是行贩的布商，或者走投无路的穷光蛋，他们用虎人的怪谈吓唬那些轻信的居民，从而让他们答应那些或许往往极不合理的要求。19世纪初，这种人为助长的名声到底还是要了一个葛林芝商贩的命，此人名叫哈吉，多年来一直在与世隔绝的文冬（Bentong）村活动。当地有一只老虎，此时已经祸害了村民们的很多水牛，他们似乎只剩下背井离乡这一条路了。一天晚上，哈吉正在往村里走，这时他听到了可怕的虎啸。他毛骨悚然，漫无目的地跑了起来，直到发现一个巨大的木制捕虎陷阱，便跑了进去。陷阱在他身后关上了。老虎再怎么咆哮，哈吉终究是安全了。到了第二天早晨，哈吉还在等着那些他以为是朋友的人放他出去。然而村民们断定，既然他落在了捕虎陷阱里面，就只有一种解释，即他才是杀死水牛的虎人，于是他就在自己的避难所里被矛刺穿身亡。[5] 村民们是真的这样认为，还是为了对哈吉可能提出过的要求进行报复，一直无从得知。

在新中国成立初期，领导者给老虎扣上了害兽的污名，号召农民杀死它们，此举除了为它们敲响丧钟，还通过一种激进的价值观转变，切切实实地降格了中国最古老、最受尊崇的一个精神偶像——阴的化身白虎——并出于政治考虑把中国人与他们的传统斩断了。

然而，其他关于老虎的事实依然存在，并且显示出它们在人类文化中的角色，那是远比这些恶意老套、人为捏造的臆断更复杂、更引人入胜的画卷。威力终究还是可以起到帮助和保护的作用，就如同伤害一样。老虎曾经君临遥远异域的东方帝国，在无数人的生活中扮演着重要角色，这些人的生计仰赖森林，例如采蜜人，用奇拉（chila）树脂制作出美丽珠宝的人，以及那些单纯以森林的馈赠为生的人。

虎虽然一方面是具有破坏力的动物，因此需要恭敬以待，但另一方面也是人们的铁杆盟友，从想要抢夺的人手里保护着它们仅有的资产，那就是森林和栖息在森林中的动物。在天鹅绒般的无月之夜里，举世无双的森林之王和森林卫士在巡边时，又有谁胆敢潜入森林，盗取木材呢？蓝色皮肤的牧牛者克里希那神（Lord Krishna）是印度教众神中最受欢迎的一位，他也认可老虎的重要性，据他说，山脉是变身为狮子和老虎来保护森林的神灵。[6] 这些民族的热烈情感在一幅画中深刻地表达出来，这幅画挂在首尔的华藏寺中，题为"恶樵夫入虎唉狱"。[7] 对于更多是以采集而不是打猎为生的人，老虎也提供了生计所需。老虎的猎物往往很大。蓝牛羚是一种"巨大、奇丑的动物"[8]，由于体型太大，老虎无法独自一口气吃完，而老虎往往又不会回头去吃自己剩下的猎物，因此不仅是其他动物，还有居住在森林里的人，都能够获得营养丰富的肉食，如果不用这种方法则很难获得。对于以种地为生的农民来说，老虎可以杀死糟蹋庄稼的害兽，所以是益兽。

但老虎不是贪婪猎人手里的现代枪支的对手，也无法在帝国主义的猛攻之下保护它自己或者子民的土地。它惨遭屠杀，大片大片的森林也被砍伐、洗劫。很多人把这种条纹猫科动物当成最好的朋友，对杀死它们的凶手恨之入骨，经常拒绝给白人狩猎者带路，无知的猎人却以为他们不情不愿的态度是出于恐惧。[9] 19世纪末，越南姆努格斯（Mnoogs）的一名队长受雇为西方人的科研需要砍伐了一棵树，他的这份道歉词概括了当地人的感受：

> 最近在这棵树上安家的神灵啊，我们崇拜您，并且前来求您宽恕。那白人老爷是我们冷酷无情的主子，他的命令我们只得遵从，他吩咐我们砍伐您的居所，我们对这项任务悲痛欲绝，只能满怀歉意地完成。我恳请您立刻离开这个地方，到别处去寻

在珀勒德布尔城附近的巴罗达野生物保护区（Ban Baretha），一只射杀的老虎躺在一辆劳斯莱斯幻影引擎盖上。

找新的居所，我祈求您忘记我们对您的伤害，因为我们也是身不由己。

　　然后首领又对老虎发表了一份情真意切的道歉词，以表达对这位统辖每一棵树的森林之王的尊敬。[10]

　　目前，森林里的猫科卫士幸存者寥寥，很多"保护"区，例如曾经虎豹成群的世界遗产地珀勒德布尔（Bharatpur），已经一只不剩了，森林的破坏也难以衡量。村民们无所顾忌，也别无选择，如今公然破坏林地生态，在那里放牧了3 000多头牲畜，给野生的食草动物施加了巨大的压力，更别提还有流浪狗在猎食野鹿。虽然季风带来的雨量不足也是一个因素，但人类要对这种大批量死亡负主要责任。我于2005年访问

949年在珀勒德
尔射杀"的最后
批老虎之一。此
的老虎现已灭绝。

此地时，这个价值无量的地方已经近乎荒废。据一名常驻于
此的博物学家估计，曾经认为这里适合孵化的候鸟中，仅有
10%～30%还在造访此地。

　　这些森林居民很多都希望回到与森林和谐共生的时代。
他们并不渴望西方的教育，而是想让他们的孩子学习土地之
道，以及在森林中生存的技能，这样一来，印度如今很多沙
漠般的地区也许就会变得肥沃、葱郁，老虎也会再次承担起
与王者地位相称的古老职责，保护子民的土地。这个愿望，
以及迅速萌生的、对英属印度的狮子带有艺术和民族主义色
彩的反抗，都反映在对印度教至高女神难近母（Devi Durga）
的很多描绘中，早期她的坐骑更多的是狮子，不过在之前的
两个世纪里，变成了印度色彩浓厚的老虎。

一幅当代的印度
间绘画, 画中的
魔摩西娑被骑着
虎的难近母打败
这里的老虎控制
了摩西娑。

　　难近母被众神创造出来, 作为女性力量和威力的化身,
以及和平之力, 可以控制危害世界和平的邪神。牛和老虎之
间进行斗兽比赛已经是老生常谈了, 在一个神话版本中, 骑
在老虎背上的女神打败了水牛怪摩西娑 (Mahisha)。难近母
性情火爆, 独立自主, 和她的坐骑一样充满性张力, 然而最
重要的是, 她是老虎和丛林的守护神, 大地母亲的强力象征,

度中北部的一座寺
卜，女神难近母骑
也的坐骑——老
1997年。

切迪·马勒（Ch
Mal）一家，约1⁹
年，用来敬拜提
（Devi）女神的纸
上，以水彩绘制
一只老虎和一只
雀。在印度和其
地区的艺术中，
有这样的例子，
常用碎裂成长⁵
点的条纹风格来
现老虎。

村庄的保护者，能够为了她的信徒向这只强大猫科动物说情。
她的形象见于印度全境，但她的威力正如许许多多的神明和
老虎本身一样，如今似乎已经在全世界的消费主义面前式微。

　　在南方的泰米尔纳德邦（Tamil Nadu）、安德拉邦（Andhra
Pradesh）和喀拉拉邦（Kerala），人们在节日舞蹈中热烈地赞颂
老虎，以此敬仰那些骑着这种猫科动物、承载着老虎很多象
征意义的当地神祇，例如难近母。舞者通常涂着黑黄亮色的
油彩，戴着纸浆头套，上面装饰着代表虎皮的毛料。在门格
洛尔人（Mangalorean）的传统中，为了表现这种食肉动物的威

力，技艺精湛的舞者必须表演"很多英勇的节目"，其中有一项是"杀死"一只羊，在当代指的就是舞者用牙叼着羊，在空中甩来甩去，抛到一边，不过并不会真的杀死这只羊。[11]相比之下，在19世纪初，塞缪尔斯上尉在报告中讲述了冈德（Gond）部落的结婚仪式，两名男子被他们的虎神附身，"在一个学羊叫的孩子身上纵情饕餮，用牙齿啃咬，直到这个孩子断气"。上尉写道，这一幕"只有动物园的喂食日可以与之相比"[12]。

1989年，孟加拉诗人、小说家和电影导演布哈达布·达斯古普塔（Buddhadev Dasgupta）在其品质上乘的电影《虎舞者》（*Bagh Bahadur*）中，赋予了虎舞热情奔放、如梦似幻的特质，这部电影将一只猫科动物肉身的威力，与和虎威融为一体的虎舞者放在一起对比。当一个以豹子现场表演为招牌的马戏团加入舞者村庄的节日庆典时，他受人追捧的地位便黯然失色，为了证明自己，他必须在一场决斗中挑战这只豹子。

老虎的姿态很有分寸，赋予它超凡的狩猎本领和神奇的跟踪能力，人们也寻求将这些技巧化为己用。最初，这些姿态被编入华佗的养生五禽戏中，也是太极拳和功夫在公元3世纪时的前身。所谓五禽戏，是这位中国医师基于经常在身边观察到的五种动物——鹿、猴、熊、鹤和虎——的姿态而发明的。这些姿态又被两位僧人在佛教的少林寺发扬光大，一位是跋陀，发扬了金刚禅功夫；另一位是菩提达摩，在公元527年前后开创了另一派功夫，让手下的僧人们有了足够的体力去忍受漫长、艰苦的坐禅。虎势代表了骨骼的发达与力量，时至今日依然是这些技艺的一个组成部分。

对于曾经生活并且还将继续生活在萨满教社会中的人来说，老虎也是一种重要的实体存在，富有象征意义和精神意义。它们器宇轩昂，足智多谋，身强体壮到令人难以置信的程度，它们与水的结合赋予其穿行于异界的神秘能力，因此，史前的采猎文明将老虎视为自然与超自然世界当之无愧的代表，寻求将老虎的魔力占为己有并以此自诩，便也不足为怪。在这一点上，最早的一个实例出现在俄罗斯东部，并且延续至今。

几百万年以前，黏稠的黑色熔岩从地球内部以排山倒海之势流入阿穆尔河（Amur，中国境内段称黑龙江）的广阔水域，熔岩龟裂，形成了庞大的玄武岩巨砾，这些巨砾只有退潮时才会露出水面，至少在当代是这样。5 500年前，生活在阿穆尔河附近的部族以这些巨大的岩石为画布，用燧石在上面刻下醒目的浮雕画。这些岩刻是动人的艺术，使我们得以

有史以来最早
虎 形 象： 西 f
亚南部阿穆尔
域一块玄武岩
岩刻。

一瞥栖息在阿穆尔河地区的那些神秘的、神奇的、俗世的生灵。首屈一指的是传说中这条河的主宰黑龙，以及森林之王老虎。老虎带有条纹的躯体形态，以及伸出来的圆润口鼻，在19世纪和20世纪阿穆尔河各民族的萨满仪式雕刻中很常见，这无疑是在向森林之王用来帮助萨满的力量致敬，萨满礼服上的老虎也是一样。

到了20世纪20年代，阿穆尔河流域的一个民族——赫哲族——还在积极践行萨满教。熊、豹和老虎是他们的得力助手，他们的引导者化身为一只长着翅膀的老虎，可以把萨满带到四面八方去。[13]岩石上还刻着许多人形面具，但有一张看上去"酷似野兽，可怕又强大"[14]，肯定是一只老虎，这种精美的艺术品所表达的情感，是早期阿穆尔河流域居民在面对这种强大的生命时油然而生的。其他很多看上去一部分是老虎，一部分是人，这一定是萨满信仰在早期的一种表现，认为披上动物的外皮就可以拥有它的力量。在这样一个世界里，人受到动物、风、雨和疫病这些任性妄为的神灵支配，按照当代西方的萨满教实践者的描述，它们的居所位于超常实在中。真正强大的存在，以及将身体奉献给他、使他免于饥饿的动物，例如麋鹿，是这个世界里的人所追寻的盟友。于是阿穆尔河的部族便与自然和谐共处，并且把老虎——amba——接纳为他们那个世界的重要成员。这种动物和其他所有野兽一样，拥有人类的特征，这样一来就成了人类的亲眷。这种难以捉摸的猫科动物受人尊敬，偶尔抢人食物或者伤人，也会被原谅。还有一些部族，例如把它视为神圣祖先的赫哲族，会毫不留情地将胆敢杀害这位神圣亲眷的人驱逐出他们的部族。

　　老虎的形象也经常出现在中国的青铜礼器上，其中最早的要上溯至商朝（公元前1600—前1046年）初期。这些雕像有些时候是写实的：老虎的身体可能被用作调酒礼器的把手，或者立在一个平坦容器的边缘充当雕饰。然而通常情况下它们是高度风格化的设计，因为商朝的艺术家要思考如何把一只曲线优美、极具肉感的动物表现在一个平面上，而设计这个平面就是一种不可思议的简化方案。他们把老虎的身体分成两等分，布置成对称的样子。如果虎头彼此相对，那么就成了一颗有两只眼睛向外看的虎头，但也可以视为两只老虎的侧面。这是一种灵活又巧妙的艺术。

　　一些权威人士认为所有这些老虎，连同龙、鸟等形象，仅仅是装饰用的，它们本身确实也很美观。然而地球上的每一种文化都曾经是狩猎-采集社会，有着和阿穆尔河流域民族一样的需求和敬畏之物，事实上，这些文化无一例外，都有着古老的萨满式神话，讲述着人类曾经处在怎样的恩典之中，能够与动物交谈，与一切实体的神灵和祖先的魂灵、与曾经生活在超常实在——这个宇宙观中的上下两界——中的神祇自由交流。但人总会跌出这种极乐状态——在基督教传统中，以夏娃咬了知善恶树上的苹果为代表——然后变成当下的样子，有了生老病死，不得不无休无止地劳作。[15] 早期的中国神话则不然。[16] 经历了这场大难之后，萨满能够进入另一种意识状态，进入神灵所居住的实在中，成为地界与天界、生者与祖先神祇之间至关重要的联系人。在这种超常实在中，他们可以影响这些和古罗马众神一样喜怒无常的神灵，借此改变人世间的一连串事件。在森林里时隐时现的老虎，看上去必然充满了既有魔力又有实感的力量，这正是最初的能量和力量之源。

这样看来，也难怪中国古代的萨满和僧侣代表他们的信众和部族前往超常实在去说情时，希望有老虎作为自己的伙伴，而礼器上的老虎形象，也有象征性的，或许是不可或缺的神圣作用。鉴于物（牲礼）和器（礼器）都是萨满艺术的基本要素，这看上去似乎更加贴近事实。老虎往往被做成青铜调酒器的把手，而这些青铜器时常被用作宗教仪式上的礼器，据一些权威人士推测，在这些仪式上，活生生的老虎和牛是被放在巨大的锅里献祭的。[17] 这些物的名字也常常出现在三脚鼎上，据中国古代的一部典籍记载[18]，王孙满代表周定王问候楚王，解释说正因如此，定王的子民才会知道哪些动物和神灵会帮助他们从凡间升上天界，又有哪些会从中作

织成虎纹的小或者虎皮上，保护做梦者免灵侵扰。图为的小地毯。

梗，因此他们能够"以承天休"[19]。

在印度，古老的印度河流域遗址哈拉帕（Harappa）和摩亨佐-达罗出土了做工精美的铜板和印章，上面常常刻有老虎和其他重要的动物，例如犀牛和大象，而它们的含义则充满争议。据一些人推测，它们有一种魔力或者护身符的作用，设计出来就是为了保主人平安，不被野生动物捕杀，免遭拦路抢劫，这种原理和西方旅行者携带圣克里斯多福（St Christopher）[1]的钥匙圈有异曲同工之妙。至于保护独行的旅行者，还有谁能比森林之王更擅长呢？然而其他权威人士对这些图章的解读要阴暗得多，视其为献祭的标志，并引用了《迦梨往世书》（*Kalikapurana*）中的记载："（迦梨）女神从供奉的鱼鳖之血中得到满足，为期一个月……野牛和巨蜥之血带来的满足为期一年……水牛和犀牛之血为期一百年，虎之血也是一样。"[20]

在中国，商朝和西周（约公元前1600—前771年）的青铜器上常常刻着这样一个人，脑袋位于一只老虎张开的上下颌之间或者旁边。有一种过于简单的解读，说这是至高无上的食肉动物正准备把人吞噬。另外一种解读是说老虎打扮成风神的模样，其象征就是从它的巨肺中产生、从嘴里出来的气息，它是在帮助一个人类萨满在两界之间穿行，借着这股风升入天界，而风往往是萨满的旅程中一个不可或缺的要素。这种观念与印度奥里萨邦（Orissa）的虎洞（Bagh Gumpha）遥相呼应，那里的外部入口被雕刻成这种猫科动物大张的嘴。之所以雕刻成这样，是为了让人在不同世界之间移动，并且让这些世界各自独立，这在很多文化中都是共通的。[21]《摩

1 基督教殉者和游者注（后同，标注）

诃婆罗多》中就有很多这样的例子，神退隐甚至蛰居在一个独立的空间里返老还童，而虎洞中的空间则意味着，在这里，可以从一个不同的世界、一种不同的实在中得到精神的升华。

在中国，老虎也被认为是执掌风的神灵，这个举足轻重的地位浓缩在一句古老的中国谚语"风雨调顺无饥馁"中。对饥饿的恐惧烙印在古人的灵魂里。也难怪老虎和它在四象

里的搭档——龙——会被召唤来帮助渺小的人类，维持平衡。有一种召唤方式是表演节奏控制严格的舞蹈，节拍是预设的。节拍来自一块中空的木头，它形似一只背部为锯齿状的老虎，用一根棍棒拂拭或敲击时，会发出深沉刺耳的声音。

统治天界四分之一的西方白虎也被视为抵御邪魔恶鬼的保护神，如此强大的神灵让他们望而生畏。早在公元前1200—前1100年，中国人的墓穴被凿成十字形 [22]，遗体的左侧朝向西方，右侧朝向东方 [23]。到了公元前500年，墓地的方位为了符合风水的原则而改变。在西汉，棺材左边画着龙，右边画着虎，盖上画着金色的太阳和银色的月亮，反映天界的吉祥之力，而小型的老虎雕刻，通常是玉雕，位于棺材左侧，将它早已震慑人心的力量进一步放大。刻着这些强大象

中国一座古墓
石虎。

092

征的日晷和四神规矩镜，也被大量放置在墓穴中，用来蓄积
和传送生命力，借此让墓中死者的灵魂得到慰藉与力量。[24]
老虎还被画在房屋和庙宇的墙壁上，装饰船首，甚至直到现
在，人们还在用华美的彩色老虎刺绣装点着幼童的鞋帽。在
西方人看来，这些长着大凸眼睛、笑容可掬的老虎友善、亲
切，但在东方人看来，这些特征让人毛骨悚然，颇不吉利。

在朝鲜，老虎被视为一位仁慈的保护神，在朝鲜人的创
世神话中拥有主宰地位，在古代的萨满教岩刻中分量颇重，
例如蔚山盘龟台岩刻画[25]，深深地融入了生活与文化的方方
面面。人们虽然心怀敬畏，但还是认为老虎拥有极其高尚的

灵魂，能够驱逐恶灵，守护子民的命运。简而言之，老虎是实实在在的神，几乎每家每户都用它的形象装饰美妙绝伦的屏风、花园墙壁和门扉，确保蒙受它的庇佑。然而，它更是朝鲜最受欢迎的神——山神——快乐仁爱的使者，就连佛教席卷朝鲜时，也不得不接纳老虎和山神，作为朝鲜文化不可分割的一部分。如今，几乎每座佛寺里都有一个供奉他们的神龛。

云游的和尚及其弟子经常被描述成与虎为伴，中国丝绸之路上的（甘肃省）敦煌"藏经洞"中就有一些美丽的唐朝（618—907年）彩绘丝绸。这些老虎不是威胁，而是卫士和助手，和达摩多罗尊者（Dharmatala）的情况一样，这位尊者与僧人摩诃迦叶（Mahakashyapa）和一只条纹猫科动物为伴，走过了崎岖的丝绸之路。传说达摩多罗尊者在早期的一次化身中在一座寺庙的大殿里守护佛教罗汉像，却被歹徒袭击了。一只老虎立刻从他的膝上现形，赶走了入侵者，自那以后就成了他的卫士。罗汉也被画成与老虎为伴，有时表现得非常亲密，感情深厚，可以认为老虎象征着罗汉克服世俗激情的力量，表现了他们的非凡神力。

丰乾禅师是佛陀最初实现涅槃的弟子之一，也被称为伏虎罗汉。为了阻止一只老虎骚扰他的寺院，他建议用素食喂它。没过多久，这只骇人的食肉动物就变成了丰乾禅师温顺的密友，陪他进入寺院大殿，寺院里的其他人都不太舒服。素食抑制了老虎的攻击性，当然还有激情，这是东方人和西方人共同的观点，然而事实上老虎和家猫一样，如果吃不到肉就会死。

　　佛陀通过舍身饲虎来说明他所理解的至高美德——慈悲。
在走向正觉的道路上，一次早期的化身中，佛陀以摩诃萨埵
王子（Prince Mahasattva）的身份生活。和兄弟们一起穿过苍翠
的深山时，他注意到一座悬崖底部躺着一只雌虎，皮毛蓬乱，
瘦骨嶙峋，饿昏了头，正要吃掉自己的两只幼崽。王子毫不
犹豫地躺在了地上，被石头硌得生疼，他静静地等着雌虎吞
食自己，但它太虚弱了，甚至连咬他都使不上力气。于是王
子用一根刺扎破自己的手指，殷红的鲜血汩汩流出。雌虎舔
着为它注入生命力的液体，有了足够的力气饱尝他的肉，它
的幼崽也得救了。按照佛经中的说法，这是事实，并非虚构，
有一座备受尊崇的神龛建于此地。

泰国帕朗塔布虎
（Wat Pha Luang
Bua Tiger Temple）
一位僧人被虎围
2004年。那里
僧人正在建造一
老虎保护区。

　　还有其他组织和个人把老虎作为自己的潜质和实际权力的象征，正如几百年来在纹章中用狮子表达贵族特质。作为徽章或标识的老虎，能够绘声绘色地表现出你拥有身体和精神的力量，并且有充足的准备将这些力量发挥到极致。

　　这样看来，难怪它代表了中古时期印度南部的朱罗王朝，其帝国从东边的印度尼西亚延伸至南边的斯里兰卡。它继而又成为斯里兰卡泰米尔分离主义者（泰米尔猛虎组织，Tamil Tigers）的吉祥物，这些人自比朱罗王室，希望表现出一种勇敢无畏、一往无前的形象。

　　然而古往今来，没有任何人像蒂普苏丹（Tipu Sultan，1750—1799）一样，成功地在老虎身上开辟出自己的一方天地，并且将它的力量表现得淋漓尽致。蒂普苏丹是迈索尔（Mysore）王国的统治者，在1782年时，它是印度最强大的国家，也一直是英国人的心腹大患。"蒂普"在卡纳达语中是老虎的意思，而他的这个名字则是取自一位卡纳达圣人。老虎经常造访他的梦境与生活，他从小就将自己的灵肉与这种印度最本质的象征联系在一起。蒂普的座右铭是"宁为两天的老虎，不做两百年的羊"。他的王座是能工巧匠的杰作，令人叹为观止，却被"头脑发热的英国军队分赃代理人"破坏得稀碎。[26]那是一台象轿，宽2.4米以上，座深1.5米，由8条虎腿支撑，腿的顶端装饰着精美的虎饰，嵌以红宝石、绿宝石和钻石，上方是令人目眩神迷的虎头；整个象轿被一只实物大小的木雕虎支撑起来，铺着一层厚厚的金丝，这样缝制是为了表现老虎的条纹。虎纹风格（Bubris）装点着蒂普的步兵和宫廷卫队的制服，老虎匍匐在剑柄上，蜷伏在他的炮口上，而他的武器和军械上也有以书法形式表现的虎脸，写的是"神狮乃征服者"。有两只活生生的老虎被锁在他宫殿前的私人广场上：按照布坎南医生（Dr Buchanan）的说法，它们"虽然温顺，可如果被打扰就会变得很不听话"。

对于想方设法剥夺他土地和都城的英国强盗，蒂普的心里唯有老虎一般的轻蔑和仇恨，他用老虎作为装饰图案，当然也是非常真切地维护着自己高涨的民族主义。这种憎恶在种种艺术事业中得到了生动的展现。他都城的城墙装饰着真人大小的英国人讽刺画，其中很多画的是瑟瑟发抖的白人被老虎捉住，但他的杰作当属"蒂普之虎"，这是一个实物大小的虎形木制风琴，它会一边吞噬一个哀号的英国人，一边发

图）安娜·托内
（Anna Tonelli）
《蒂普苏丹登基
王》（Tipu Sultan
hroned），1800
水彩画。

图）"蒂普之虎"，
793年，木制机
l琴和自动装置。

099

出"孟加拉虎的咆哮"[27]。

直到不久以前，人们还可以在参观维多利亚和阿尔伯特博物馆（Victoria and Albert Museum）时转动一个把手，唤醒这只老虎。蒂普之虎深受学童喜爱，让人念念不忘，但现在已经被关在一个玻璃匣子里了，这也是为了它好。毫无疑问，正是他的不共戴天之敌、将军赫克托·芒罗爵士（General Sir Hector Munro）之子的死亡，激发了蒂普委托制造这件匠心之作的想法，这位将军在 1781 年一次极具羞辱性的血腥战斗中打败了蒂普和他的父亲。1792 年，在孟加拉苏达班野外的一场狩猎狂欢后，小芒罗命丧虎口。惨不忍睹的场面在一个斯塔福德郡（Staffordshire）陶器集团的工匠手下长存于世，引发了英国人天马行空的想象，以至于几乎 30 年过去了，在 1827 年，出现了《芒罗之死》（*The Death of Munro*）这样"一部新的单幕通俗短剧，专为介绍 W. F. 伍兹（W. F. Woods）先生著名的狗布鲁因（BRUIN）而写，它会扮演一只老虎。剧中安排了格斗等节目"，这部剧在伦敦的皇家萨里剧院（Royal Surrey Theatre）上演，观者如织。5 月 7 日星期一的剧院布告上写着："皇家之虎的神奇技艺令人惊叹，已告举世无匹，他牢牢地抓住芒罗，赢得热烈喝彩——他每天晚上都会继续这无与伦比的表演。"[28]

就连英国人也不得不承认蒂普老虎一般的民族主义，他们铸造了一枚奖章，一面描绘着代表对非洲统治权的英国狮子打败印度之虎，另一面描绘战斗场面，这枚奖章被用来庆祝了至少一场对蒂普的胜利。蒂普差一点儿就重振了虎的威权，但到头来还是败于狮子一般的英帝国主义的武力。如今，老虎是印度最有影响力、最受人认可的象征，因此人们很容易忘记，直到1972年，它才最终取代八竿子打不着的狮子，成为印度的国兽。

跨国石油公司埃索（Esso，即美国的埃克森美孚，Exxon Mobile），也选用老虎的强力形象来表达它的石油振奋人心的阳刚之力，现已成为世界上最具辨识性的一个企业标识。在20世纪头几年，挪威的"跃虎使得虎牌汽油（Tiger Benzin）的汽油泵标志熠熠生辉"。一些人担心它的形象影响力太强，会鼓动司机鲁莽驾驶，到了1959年，它已经被改造成一只可爱的卡通虎，成了一个世界级的现象，以至于《时代周刊》（*Time*）将1964年称为"麦迪逊大道（Madison Avenue）上的虎年"。伴随着"把老虎放进油箱"这句口号，老虎的影响力与日俱增。[29]

在当代，虽然老虎依旧被视为一种力量巨大、威力无边的食肉动物，但至少在西方，那样的形象被全球性环境保护

的埃索老虎。

的主要象征这一角色盖过了，埃索也很快便将自身与这一现象联系在一起。随着对老虎灭绝的担忧日益加深，埃索资助了拯救老虎基金（Save the Tiger Fund）和一些活动家，例如印度的瓦尔米克·撒帕尔，他们为强调它的困境做了很多事。当然了，这不过是又一次利用了老虎的形象，因为埃克森美孚正是阻碍美国签署《京都议定书》的一个主要的提议公司，这样一来，世界其他地区就不可能解决迫在眉睫的全球变暖危机。

第四章

恐惧心理：驯化的老虎，退化的老虎

老虎虽然备受尊崇，却仍是一种令人提心吊胆的食肉动物，它的利爪和尖牙有着主宰生死的力量。它不但让人崇敬，也让人恐惧。

尤其是在西方文化中，恐惧的对象要被根除，无论这种恐惧有没有道理。2005 年，英国的地方议会还在考虑砍伐成熟的栗树，以免栗子落下来伤到人。但议会只不过是在步一些人的后尘，那些人几百年来一直要求弄死以苍蝇为食、有益无害的蜘蛛，以及无比可爱的动物——战战兢兢的小棕鼠——因为他们"被吓坏了"。老虎有可能幸免于难吗？它和老鼠不一样，这种动物不但能够置人于死地，还是一个国家活生生的代表，所以几乎没有可能。

罗马人公然蹂躏和屠杀了数以万计的狮子和豹子，以扬帝国之威，事实上已经把地中海地区的大猫赶尽杀绝了，英属印度也如法炮制，对老虎展开大屠杀。对于英国人来说，对老虎的迫害象征着印度和缅甸的沦亡，很多希望在新的权力中心分一杯羹的土邦主也满腔热情地参与进来，比如苏古贾（Surguja）土邦主自己就杀死了 1 707 只老虎。

莫蒂（Moti）是一只宠物虎，生下来才几天就被捉住，被英国军团的军官们带到了拉合尔（Lahore）的一家"兽园"，它的这个故事于 1891 年被鲁德亚德·吉卜林之父约翰·洛克伍

德·吉卜林书写，作者称之为一则绝妙的"帝国寓言，同时也是一个真实的故事"[1]。

一次，它从兽园中逃脱，警铃大作。园区的头领是一名印度军官，他穿过马路跑到政府大楼，请求老爷下达正式命令逮捕这名旷工者。有人给了他一个公家的大信封，上面盖了一个大印章，印度军官就带着这副装备追去了。莫蒂在林荫道上被发现了，果不其然是落单的。管理员急匆匆地冲过去，向它出示白人老爷的命令，在它面前摇晃，给了它一顿臭骂，说政府这么照顾它，按时给它喂食，待

105

它不薄，它逃跑简直是忘恩负义，还和它约法三章。然后管理员把头上包着的头巾解开，系在了这只野兽的脖子上，把它拖进了兽穴里，一路上狠狠地训了它一顿。莫蒂乖巧得像一只小羊羔。

1904年印度殖民：报纸上的一则猎步枪广告。

尔士亲王（后来
爱德华七世）在
76年对印度的一
王室访问中，一
之内杀死了7只
虎。

在象背上猎虎》，
自威廉·霍纳迪
《丛林中的两年》
85）。这位英属
支官员站在高高
象轿上，周围很
能还有其他驯养
大象，他几乎没
什么危险。

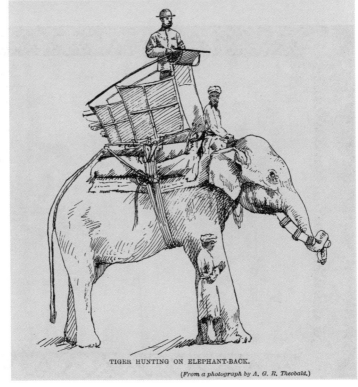

TIGER HUNTING ON ELEPHANT-BACK.

(From a photograph by A. G. R. Theobald.)

难得的是，吉卜林眼里的莫蒂不仅仅是被关进笼子里的战利品，他在回忆录中写道：

> 他的皮被草草剥了下去，如今陈列在拉合尔博物馆里，根本配不上一只美好的野兽留下的回忆；这是我认识的唯一一只真正喜欢烟草的动物。被浓烈的方头雪茄烟雾吹在脸上，会让它心花怒放；它会悄悄走来，眨眨眼睛，伸伸懒腰，弓起强壮的背，那种难以言表的满足，是所有猫科动物闻到这种香气时共同的心情。

为维多利亚女王登基五十周年而制的丝绸剧目，1887年。

世纪20年代，约
与兰开斯特团
ork and Lancaster
giment）第一营
鼓手。

　　为了高喊"我们统治印度"，从庆祝维多利亚女王登基
五十周年的墙纸，到丝绸剧目单，一切都带上了老虎的形象，
而它的毛皮则不知不觉间像在萨满教中一样，成了老虎自身
力量的贡品，被用在军礼服上。除了这些帝国主义者的考量，
那些在宗教和世俗意义上权势遮天的人，也总会选择将他们
的霸权施加在活生生的自然主宰者身上，不论是狼、狮子还

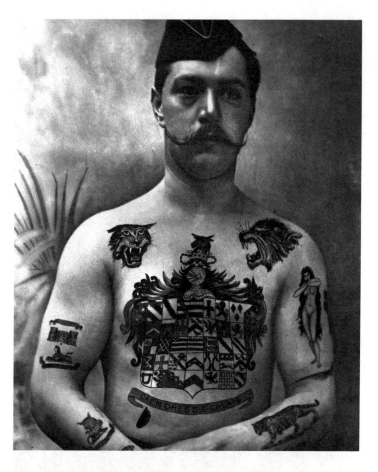

约1899年一名英
士兵的文身，其
就有老虎的形象

是老虎，这对它们造成了不同程度的压抑，有的是吃好喝好
却无聊到死，还有的被加害者津津有味地折磨得死去活来。
早些时候，至高无上的皇帝和总督，以及更加民主的时代里
的普通人，比如马戏团所有者，都以这种方式表明他们自身
高于自然的一切——由于天主教会颁布教令称，在基督教的
创世传说中，动物没有灵魂和喜乐，上帝创造动物只是为了
造福人类，因此这种论调在西方大受追捧。按照天主教的教

110

义，它们无权为自己而生存，仅仅是给人利用的。反而是中国人更具浪漫情怀，认为老虎是有灵魂的，这灵魂在临死前最后的"凝眸一瞥"中形成了蜡状的矿石琥珀。汉语中"琥珀"这个词既表示这种矿石，又表示老虎的灵魂，读音和词源是一致的。这个神话的起源还不清楚，但似乎可能与老虎那双通透眼睛的美丽琥珀色有关。

　　然而，老虎被转化为人类仆从最早的一个例子，却见于中国青铜器，而且时间相当久远，不会晚于公元前6世纪。它所展现的这种庄严的动物，是所有自由之物的象征，脖子上却套着一个项圈。这就表示它们是被圈养的，而且和另一种大名鼎鼎的猫科动物猎豹一样，在东方长期以来被用于打猎，家养的老虎很可能是用来狩猎羚羊和马的，或许还用于作战。最后一点看似异想天开，但罗马人就养了好几个师的近似獒犬的大狗，在帝国边境巡逻，而很难想象会有哪种动物比老虎更能令敌人胆寒，更能表示一个人自身的王权。《诗经》（约公元前800—前600年）里的这些诗句支持这种理论吗？

王奋厥武，
如震如怒。
进厥虎臣，
阚如虓虎。

或许如此，不过也可以另作他解：国王的战士打扮成老虎，因为在中国，老虎也是军事力量的象征。

老虎用于打猎更加决定性的证据出自周朝宫廷的下都、现称古洛阳的墓地。这里有公元前300年前后的一个大型墓葬群，由60厘米×150厘米的大尺寸陶砖砌成。这些陶砖大多描绘了狩猎场景，以一种流畅活泼的方式呈现，其中既包含中国人在纹章设计上一板一眼的风格，又涵盖了中国北方游牧民族更加写实的风格。画出来的老虎中，有几只戴着项圈，最重要的是，有一只老虎被它的看守者用皮带拴着。这只老虎看上去近乎憨态可掬，显然就是过去曾经被叫作长毛虎（*Felis tigris longipilis*）或者东北多毛虎的物种，名称与这种大型长毛食肉动物很契合，现已被重新归类为东北虎。[2] 关于这项传统及其源远流长的特点，更进一步的证据来自14世纪中国忽必烈大汗的宫廷，据马可·波罗描述，那里有"几只大狮子，比巴比伦的还大。它们的皮毛非常漂亮，颜色很美，一身条纹点缀着黑、红、白色。它们被训练抓野猪、野牛、

熊和野驴、雄鹿、小鹿以及其他小型野兽"。

按照普林尼的说法，印度次大陆的居民或许更加讲求实际，他们鼓励发情的老虎与他们的母猎狗交配，借以控制老虎的力量。即便是这种所谓的犬虎杂交后代，也被认为过于凶猛，难以驾驭，只有大概比较温顺的第三窝才会被人饲养。[3]

总的来说，老虎逃过了早期罗马帝国（公元前 29 年—公元 117 年）的动物大屠杀，因为把它们从东方运过来是一项艰巨的任务，本地也已经有很多豹子和狮子了。但如果有老虎的话，它们也被用来处决罪犯和基督徒。佩特罗尼乌斯热情洋溢地写道："在一座富丽堂皇的宫殿里，缓步而行的老虎被带来喝人的血，围观人群发出阵阵喝彩。"[4] 然而，这种大猫虽然因为生性凶残，被选来在专门学校由斗兽者进行训练——庞贝的湿壁画表现了一只豹子正在被训练去攻击一个倒霉的青年，它与一只公牛绑在一起，这在一定程度上限制了它的动作——但在罗马竞技场，它们中有很多拒绝攻击绑在火刑柱上的囚犯，还被人群里传来的嗜血的呼喊声吓到，缩回相对安全的笼子里。通常它们只有在饥肠辘辘时才能顺利完成任务，"有时甚至出现行刑者在地上打滚，死在牺牲者脚下的情况"[5]。

虎爪下的基督教殉教经过了浪漫的欧洲世纪末画家的美化，例如布里顿·里维埃（Briton Rivière，1840—1920）。实际情况则要更加俗气。富裕的罗马人热衷于利用高调的消费来炫富，饲养着大量属于私人的动物，有经过训练的狮子和熊，无疑也有老虎。它们在主人家里拥有自由，到处溜达，访客一不留神就会被吓一跳。皇帝埃拉伽巴路斯曾经把这些四足兽放进睡着了的客人的卧室里，跟他们开玩笑。[6]不过当然了，即使是训练得最好的食肉动物也会造成意外事件，罗马法律也很贴心地给出了赔偿办法。

搜集异域和本土的动物，数千年来一直被视为地位的终极象征，因为只有家财万贯才能尽情享受这个爱好。在现代，这个爱好与政治掌权人的联系反倒不及那些蜚声国际的名人，

公元2世纪关猎虎的罗马镶画，来自安提（Antioch）。

例如迈克尔·杰克逊。尤其是在过去，这些云集的外来动物命中注定不仅要被关在可怜的笼子里供人欣赏，还经常以斗兽的形式供人取乐。在西方，这种娱乐现已被定为非法，斗兽也转入地下，但在巴基斯坦等地区，却是法律完全允许的。如果是老虎的话，它们的对手通常是健壮的、长着新月形角的水牛，这种传统必然要追溯到伟大的莫卧儿帝国时代，可能还要更早。阿克巴大帝喜欢让经过训练的水牛和野生猫科动物打斗。猎人骑着水牛，迫使这910千克重的坐骑去攻击老虎，用角刺中它，猛地把它抛起来，使它丧命。阿克巴大帝的传记作者阿布·法兹勒表示："这种刺激难以言喻……不知道更加欣赏哪一点，是骑手的勇气，还是在水牛滑溜溜的背上坐稳的能力。"[7]

在沙贾汉统治时期（1627—1665），这种情况变本加厉。沙贾汉会下令把一片丛林用高网围起来，这片区域戒备森严，老虎根本不可能逃出去，然后他会把100只斗水牛从唯一的入口赶进去，他自己和宠臣们坐在象背上开放式的象轿里，跟在后面。装备着宽剑的水牛骑手以半月形编队缓缓前进，直到看见老虎，然后便将它们完全包围。受困的"每只老虎都跳向自认为最佳的方向。当它们这样跳起来时，骑在牛背上的人便会敏捷地跳下来，水牛用角灵活地卡住老虎，摇着脑袋把它们撕成碎片。如果有哪只老虎逃脱了水牛角的袭击，或者不肯离开原地，国王就向它开枪，把它杀死……"[8]之后人们会用皮袋子罩住老虎头，由一名廷臣盖上皇家大印。它被带到沙贾汉的营地，在那里，负责制毒的廷臣割掉它的胡须，这些胡须之后会在宫廷阴谋中派上用场。虽然我们可以对这种看似天真的想法付之一笑，但事实上老虎的胡须异常坚硬，切成小段时，这些小碎片会像玻璃粉一样把人的肠子刮破。

当受害者没有逃跑的机会，也没有取胜的可能时，无论是杀手还是被杀者，终究是有失尊严，但这样的竞争激起了一种基本的杀戮欲，一种对死亡、毁灭与堕落的渴望，它勉强藏在人类文明的外饰之下，伺机浮出水面。然而，随着动物越来越为人所用，很难找到哪种娱乐活动像19世纪中期西贡总督所主持的那样残酷，以如此恶毒的方式，将完全、绝对的权力表现得淋漓尽致。一只老虎"腰间绑了一圈绳子，大约有二三十米长，被牢牢地绑在一根木桩上。这只可怜的动物嘴被缝了起来，爪子也被拔掉"。然后有46头大象站成一排，一头接着一头地攻击这只老虎。第一只大象"用长牙把老虎高高挑起，扔到五六米开外"；即便如此，老虎还是向大象跃去，大象则从竞技场逃走，只留下被绳子绑着的老虎。用绳子捆绑的驱象人被拖入竞技场，在那里被执行总督命令

虎》，出自爱德华·托普
尔（Edward Topsell）的《四
兽的历史》（*History of Four
oted Beasts*，1671）。

的"一连串处刑人"脸朝下按住，用竹子抽打，直到昏过去
被拖走。与此同时，10头大象一头接一头地抛扔这只老虎，
它一次又一次被摔在地上，直到最终丧命。[9] 尽管如此，讲述
这个刺激故事的英国人坦言，西贡的人们还是"几乎没有什
么公共娱乐、运动或者消遣"。

同一时期，美德的化身维多利亚女王正在西班牙观赏
一只老虎和一头公牛的打斗，这头公牛"精力旺盛、活力四
射"，而"老虎显然因长期的监禁而精神消沉"。"老虎向前走
了几步，见到公牛，突然就摆出了战斗姿态。老虎跳了起来，
打算用爪子抓住公牛，但公牛用角刺中了老虎，一击致命。"
有9万人出席了这次活动，赌注合计10万里拉。[10] 维多利亚
女王当然只是遵循当地的传统而已。

一名摩洛哥使者曾经献给法国国王路易十四一只驯服的雌虎，它是这种条纹食肉动物中最早来到欧洲动物园的一只。[11] 它像"母狗一样温柔"，深受王后和女官的喜爱，接受着她们的抚摸，还被人牵着在圣日耳曼到处展览。[12] 可它虽然是集万千宠爱于一身的宠物，却不得不参加无休无止的斗兽，此时正值这种活动最受欢迎。由于这只老虎经历了多次战斗并且活了下来，或许这些娱乐更多是以恐怖舞台表演的形式进行，而不是你死我活的实际争斗，比如古老的伦敦塔动物园、如今的摄政公园动物园（Regent's Park Zoo）里的某些搏斗。毕竟老虎稀罕又神秘，至少在西方，它们很难被取代，长期以来，它们被用来抬高身价，后来又吸引人们来花钱，这些用处肯定不会被人忽视。

《伦敦塔一只狮子
雌雄二虎之间的
斗》，1830年，石版

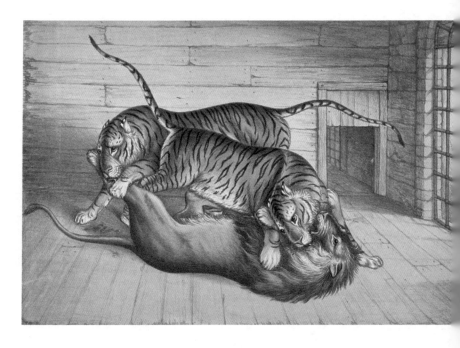

神圣罗马帝国皇帝腓特烈二世与英国国王亨利三世（1216—1272）的妹妹伊莎贝拉结婚时，送给国王三只狮子，伦敦塔动物园就是从这三只狮子开始发展壮大的。皇帝私人动物园里的动物全都出席了这场隆重的婚礼，从那里带来的这三只狮子昭示了腓特烈二世的巨大权力，也赋予亨利以盛名。这些大猫 1235 年刚到伦敦，就被送去伦敦塔，那里是人兽两用的监狱和宫殿。1240 年，原来活生生的礼物死了，伦敦塔也演变成一座阴森的宫殿，坚固的石头监狱呈"半月形"布局，里面挤满了动物，杂乱无序，"透过上面的铁格子就能看到"。这些兽穴有 3.7 米高，分为上下两部分，居民白天住在上面，夜里住在下面。[13] 这对于大猫来说无聊至极，必然还有幽闭恐惧症所带来的恐慌。它们时而被迫投入战斗，或者被恶犬撕咬，以娱乐在位的君主和公众，"动物园喂食时间"也会换换花样，把活的西班牙猎狗丢给它们打打牙祭，这些节目反倒让它们好受一些。早期的一份动物园记录讲述道：

> 还有一只年轻的雄虎，这畜生很顽皮；它会把刚好能拿到的任何东西扔向陌生人，却很有分寸，不会扔伤人的东西。如果你向它扔东西，也伤不到它，因为它能够非常灵巧地接住。它非常年轻，但当女人走过来时，从它的动作来看，像是春情泛滥，令人大为震惊。

另外一位评论者记录道，老虎"非常喜欢嬉戏打闹，像猫一样跳着玩耍时，会一跳老高"[14]。

（上图）《生在他
塔里的范妮·霏
1794年的一幅
版画。

（下图）西奥多
利柯（Théodore（
cault）的《狮虎
（Combat of a Lion
a Tiger），19世纪
水彩画。

一本 1741 年的童书披露道，"狮子、老虎、黑豹和花豹每天喂食两次羊头和内脏，一只狮子一天能吃掉四五份，但花豹、黑豹和老虎更喜欢生狗肉"，而且"它们动不动就去喝水。通常一天好几次，每只动物的兽穴都有一个石水槽"。幸运的是，威尔和菲利斯，这两只"从南海"捕获的老虎，"一起嬉戏玩耍"，它们的幼崽迪克也相伴左右。[15]

异域动物令人如此着迷，在 1764 年，就连循道宗的创始人约翰·卫斯理也难以招架，想要测试动物是否会被音乐感动，如果答案是肯定的，就表示它们拥有灵魂。卫斯理为此雇用了一名横笛手，并写道：

> 他开始在四五只狮子附近吹奏起来。只有一只狮子来到兽穴前面，似乎全神贯注。与此同时，一只老虎跃过狮子的背，转过身，从它的肚皮下面跑过去，又跃过了他，如此不断来来回回。[16]

伦敦塔动物园出现之前，英国艺术家很难为异域动物的画像找到活着的模特儿，因此画出来的东西，完全是他们自己的想象，再加上瞥见过传说中的野兽的旅行者的描述所形成的诡异产物。

此时，伦敦塔动物园和其他一些私人动物园都有了实物，老虎和其他动物很快便成了全体艺术巨匠的模特儿。画家乔治·斯塔布斯（George Stubbs，1724—1806）天赋异禀，想象力富有诗意，并且与这些动物伙伴心灵相通，是世界上最优秀的自然观察者之一。他得到了一只老虎的尸体用来解剖，

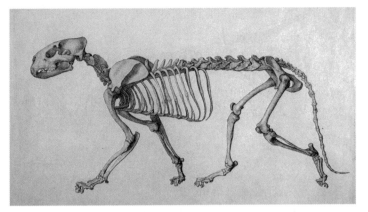

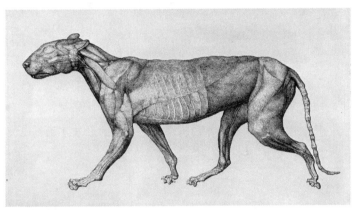

按照乔治·斯塔斯的图制成的三雕版印刷品——《老虎骨骼的侧图》《部分解剖的面图》《去掉皮毛侧面图》，出自他《人体与老虎和家结构之比较解剖展示》（1817）。

从 1802 年直至去世，他一直投身于登峰造极之作《人体与老虎和家禽结构之比较解剖学展示》（*A Comparative Anatomical Exposition of the Structure of the Human Body with that of a Tiger and a Common Fowl*）。

充满神秘色彩的幻想家威廉·布莱克（William Blake，1757—1827）也为老虎超凡的魅力而倾倒，屡次从位于伦敦兰贝斯（Lambeth）区的公寓前往伦敦塔，研究寒酸的砖砌牢房里的猫科动物，和他同时代的奥利弗·高德史密斯（Oliver Goldsmith）说它们"极度凶猛、野蛮"。布莱克参观伦敦塔之后创作的关于老虎的诗和画，成了他最著名的作品。布莱克意欲通过《天真之歌》（*Songs of Innocence*）与《经验之歌》（*Songs of Experience*）阐释人类灵魂两种截然相反的状态，这种二元对立存在于生活的方方面面。与老虎之诗相对的是"羔羊"之诗，关于一位温文尔雅、以这种可爱的动物自比的神。这位神是否也创造了"令人敬畏"的老虎？如果是的话，他表现的是什么？"令人敬畏"对布莱克又意味着什么？在他的时代，这个词既有"敬"意，又有"畏"意。布莱克发问，是怎样的神之手让这种动物在黑夜的森林中如此光芒四射，此时他无疑是在赞颂老虎的奇异力量，这力量如此耀眼，连神都对自己的造物产生了敬畏之心。他的视点超越了它堕落的俗态，因为他在捕捉它的形象时，创造出了一只如此吸引人的动物，人们不禁想象，他对这种活生生的动物饱含怜悯。但或许这是人与兽共有的矛盾特质的另一种表现。无论布莱克真正的意图是什么，"老虎！老虎！黑夜的森林中／燃烧着的煌煌的火光"这两行诗本身就照射进了西方人的意识，

《老虎》，出自
廉·布莱克的《
验之歌》（1794
一幅手绘上色
雕版印刷品。

至今仍旧闻名遐迩，正如20世纪接近尾声时罗伯特·布拉德福德创造的那只能喷射烟花的神奇老虎。

　　权倾一方的男男女女大多沉迷于活着的动物。萨克森的"强力王"奥古斯特二世（Augustus Ⅱ the Strong，1670—1733）则更进一步：他利用那个时代最昂贵、最令人向往的物质，委托别人照着他动物园里活生生的动物，用迈森（Meissen）瓷制作了一群实物大小的动物。此举一出，他彰显了自己的巨额财富和无瑕品位，通过拥有老虎之类的动物，证明了自己令人敬畏的权力范围，更有甚者，他能够让这些受他照管的动物保持健康强壮，以此证明自己拥有渊博的动物学学识。事实上，这些外来物种很难活得长，死后会被送到动物标本剥制师手里，之后在他的德累斯顿茨温格宫（Dresden Zwinger）落座，这里展示着填充动物、羽毛和骨头，蔚为壮观。8只瓷老虎完美体现了高超的手艺和真正的艺术才华，但这些老虎并不写实。基希纳制作的这些猫科动物是塑料的，表情柔和、犹疑，像人一样，还带有小狮子的鬃毛，以显高贵、威严。对它们的描绘以巴洛克风格表达了那个时代对动物的态度，仅仅是象征了人类的价值观与思想。

一只德累斯顿瓷虎，约1730年。

到了19世纪，动物园不再仅属于有权有势的人。它们也变得民主化，由普通人所有的巡游动物园娱乐了大众。经营这些展览的新型承包人发现老虎是最能吸引人的一种动物，因此被囚禁的老虎数量呈指数级上升。被践踏、被压迫的人们为平等而奋战，他们也想要享受曾经是富人专属的事物。他们对动物园的要求，恰恰反映了印度人独立之后的愿望——印度人将猎杀老虎视为一项民主权利，可以让自己与

一只笼中雌虎
1910年。

曾经的统治者平起平坐。这也导致数量巨大的老虎遭受监禁，
大部分在美国，以至于就这种顶级食肉动物的数量来看，如
今在监禁中日益憔悴的老虎，大约是生活在自己出生地的老
虎的 8 倍。

　　动物园互相竞争，展出最具异域色彩的俘虏。1827 年，
在英国，T. 肖尔自夸他所拥有的一只黑老虎是"这个王国迄
今为止唯一的一只"。肖尔先生大胆地开出了 500 英镑的巨额
赏金，"只要有人在其他巡游动物园见过黑老虎"就可以领
走。伍姆韦尔（Wombwell's）动物园也是一个极为成功的巡
游表演团体，还摇身一变，成了维多利亚女王本人的赞助对
象。但老虎不只是在动物园里渐渐凋敝，人们常常能在伦敦
的戏剧舞台上见到它们被巧妙地编入故事，例如 1831 年 11 月
21 日星期一在加里克剧院（Garrick Theatre）首演的《森林女

王》（*The Forest Queen*）就被称为"一个新奇的东方故事，令人心醉神迷"，里面有"真的狮子、老虎、大象、巨蟒、野生鹈鹕、袋鼠、猴子和金刚鹦鹉，出场费可是一笔巨款"，还包括"猎虎解闷的骑象人"[17]！

纽约和伦敦戏剧舞台上炙手可热的驯虎师是 19 世纪中期的艾萨克·范·安布格，一次他喝醉了酒，在朋友的挑唆下进入了大猫的巢穴，竟然奇迹般地生还，他的事业便由此开

一个法国马戏团的
老虎和驯兽师，
1935年。

传说中的古罗马奴逃跑时躲在狮子里，给狮子拔掉了掌上的刺。后来他爪到罗马，在竞技与狮子搏斗，结果只狮子正是之前被拔了脚刺的那只。子没有伤害他，和一起获得了自由。

始。一种现象也由此开始：向人们示范对待动物的残忍方式，它们承受的压力，以及当时的观众看到大自然臣服在自己脚下、他们的支配权得以确认时所感受到的愉悦。新闻界封他为"现代的安德鲁克里斯（Androcles）"[1]，并称"动物对他表现的感情，本质是混杂的：交杂着极度的恐惧与爱恋"，正如人们所料。范·安布格用一根撬棍管束他的猫科动物，并且向记者讲述，当他第一次把狮子、老虎和豹子一起关在笼子里时（他专门把各种食肉动物和它们天然的猎物，例如羊羔，一起关在狭小的空间内），假如他没有生平头一次拿着木棍冲进笼子里，用一顿暴打将这些凶猛好战之徒震慑得服服帖帖，那么"某些斗士必然难逃一死"。从那一刻起，"它们似乎对这个强大的对手产生了一种恐惧"，这也不足为怪。

1838 年，范·安布格用一部连演 115 场的"盛大的骑士精神娱乐表演"——《查理曼》（Charlemagne）——在德鲁里巷（Drury Lane）引起了轰动。其中有一个主要场景，查理曼宣判将一个叛徒"丢给森林里的某些激进分子，也就是最近抓到的狮子、老虎、黑豹和花豹，任其处置"。自不必说，当然是范·安布格征服了这些野生动物，把老虎做成了"一个枕头"[18]。维多利亚女王也是众多观众之一，还要求观看给大猫喂食的刺激场面。范·安布格已经饿了它们 36 小时，在喂食之前的表演过程中，狮子和黑豹"一等羊羔（剧组中的另一名成员）被放在兽穴里，就同时向它发起攻击；如果不是在近乎超人的主子的鞭打下楚楚可怜地缩成一团，任其摆布，它们显然会把羊羔塞满口"。最终喂食的时候——

老虎正在吞食前爪握着的一大堆肉和骨头，眼睛滴溜溜地转，像闪电一样明亮、迅疾；因为狮子突然一大步跳过来而分了神，而狮子……夺取了邻居的残羹。这次碰撞……其力量与激烈程度足以震撼举世无匹的勇士。

然而，维多利亚女王的表情就如同英国人惯常的那样不动声色，"一直目不转睛地凝视这新奇、动人的场面"[19]。但并不是人人都能像范·安布格一样准确地判断自己看管的野生动物的挫败感。17 岁的"狮子女王"埃伦·布赖特是伍姆韦尔人气最旺的明星，1850 年 11 月 20 日，她失策地打了她的老虎两次，此时这只猫科动物"后腿发力跑过来，抓住了她的脖子，她仰面摔倒，老虎蹲伏在她身上。她的脖子下面伤了一大片，再加上受惊，最终不治而亡"[20]。

一张典型的铃铛
戏团（Ringling E
and Barnum & Ba
Circus）海报。

这些表演也是急速发展的社会民主的一部分，这种民主观念一直坚信，平等的定义是个人希望拥有多少财产都有权拥有。讽刺的是，这样的民主化事实上不但没有促进平等，反而鼓励人们通过标新立异的消费来提升地位，强调自己的与众不同。在美国，1973 年通过《濒危物种保护法》（Federal Endangered Species Act）之前，任何人都可以从私人动物园和邮购公司随心所欲地购买狮子和老虎，很多人都沉浸在一项由来已久的传统中，那就是要拥有顶级的食肉动物，而对外表现出控制它们、被它们崇拜的姿态，也是同等重要的。很多人收到了购买的新商品，指望在社会上得到盛赞，结果却发现养大猫比预想中更烧钱，也困难得多，这也不足为怪。虽然食肉动物是可以训练的，却需要时间和耐心。它们的拥有者基本上不会去训练这些"宠物"，反而是给它们除爪、阉割，最后把牙齿也拔掉，然后对凄惨的动物弃之不顾——他们以为大猫可以像可爱的小猫咪一样爱自己，这种幻想此时早已烟消云散。

虽然顶级食肉动物表面上会适应这种处处受限的生活，对监护人表现出爱慕——正如被绑架的人在漫无边际的单调乏味中，最终会对绑架者心向往之——事实上，这些动物自始至终都在忍受着焦虑、沮丧和无处不在的长期压力，无法实现逃离人类、繁殖猎食的天生渴望。野生动物，尤其是食肉动物，控制战斗或逃跑反应的肾上腺素分泌水平很高，而抑制攻击性的血清素分泌水平很低。在家畜身上，这种平衡是反过来的。经过几十代的集中选择性繁育，一些动物对人的恐惧和攻击性会减弱那么一丁点儿，或者换句话说，就是略微温顺了些，就比如柳德米拉·特鲁特在俄罗斯驯化的野生狐狸 [21]，而只有通过这种办法才能改变野生动物的荷尔蒙水平，使其拥有像家畜一样的行为方式，不会在人类身边感到紧张。

老虎是聪明伶俐的动物，却被迫处于死气沉沉的状态，无聊到难以忍受，心情低落至谷底，焦躁不安。如果说它们攻击了一只用死肉喂它们、用钥匙为它们打开监牢的手，我们也不忍责怪。唯一令人诧异的是，它们竟然没有早点儿这样做。在美国，有一个人救助了很多被抛弃的大猫，她叫蒂比·海德伦，是希区柯克（Hitchcock）电影《群鸟》（*The Birds*）和《艳贼》（*Marnie*）的主演，她和丈夫花费多年时间，拍摄了《咆哮！》（*Roar!*），为保护非洲野生动物发出了热烈呼吁。被救助的狮子、豹子和老虎（奇妙的情节改编成功地迎合了影片中的老虎）一度超过 80 只，它们在洛杉矶以北 64 千米处的香巴拉大牧场安了家，在牧场范围内自由自在地漫步。它们有充分的社交，嬉戏玩耍，攻击洒水车，如果愿意的话，还可以睡在蒂比的床上。蒂比没有雇用利用恐惧来控制这些大猫的训练师，而是花时间评估它们的身体语言，拍摄过程中，她和丈夫搭设场景，让摄像机滚动起来，记录下发生的一切。《泰晤士报》（*Times*）上的一篇评论严厉批评了这个构想，却表示这些动物是"极好的，抢戏技术简直高明到了不知羞耻的地步；见到人类与动物之间互相理解，颠覆了数世纪以来对二者在自然中的关系的成见，实在令人心情激荡，情难自抑"。

但即便是在人类如此仁慈的情况下，将野生动物投入驯

美国加利福尼亚州
香巴拉动物保护区
一次戏剧性的入场。

养环境依旧是不争的事实。虽然在香巴拉，节育已经蔚然成风，但人们认为狮子和老虎杂交的后代——虎狮——没有生育能力。虎狮诺埃尔会证明他们错了，它与一只名叫安东的老虎激情缠绵之后，生下了纳撒尼尔。诺埃尔已经习惯了香巴拉的运营方式，会在"办公室"进进出出，逍遥漫步。办公室对着一个沙坑，是可以让幼虎安全游荡的绝佳之地。如今它选择在"办公室"安家，着手消除人类居住时留下的每一个标记，并开始将自己的幼崽作为野生动物来抚养。

　　起初，各式各样的家具——椅子、垃圾筐、打字桌——似乎让它很困扰，我们便把它们搬走了，然后它就开始用爪子扫清我的办公桌，于是我也把那些碍事儿的东西挪走了……很快我们就把所有的东西都挪走了，只剩下两个大档案柜……但诺埃尔终于还是掀翻了其中一个，它在一定程度上挡在了它和纳撒尼尔之间。它疯狂地撕咬、抓挠这些档案柜，在钢板上留下了约为点 45 口径子弹大小的穿孔。[22]

诺埃尔自然对幼崽产生了强烈的占有欲，抗拒人类为之"赋予人性"的努力。为了阻止这种带有强烈占有欲的关系，让纳撒尼尔的驯化变得更加容易，几个星期以后，人们把它从诺埃尔身边带走了。如果是在野外，母子俩会共同生活将近两年的时间。纳撒尼尔号叫了三天，而它的母亲能听到它的叫声，它在漫长的黑夜里来来回回地踱着步。

越是罕见的野兽，越能提升拥有者的面子，因此至高无

韩国三星爱宝乐
(Samsung Everla
Safari Park) 中的狮
杂交幼崽，2004 年

134

乎传说般罕见的
虎。

上的白虎比大多数老虎更能吸引人类的目光，这目光让它唯
恐避之不及。它拥有令人惊艳的美丽和令人着迷的魅力，冰
蓝色的眼睛，厚实的奶白色皮毛上点缀着深巧克力棕色的条
纹，包裹着重达 270 千克修长结实的肌肉，的确令人难以忘
怀。然而这些老虎并不是得了白化病，或者属于某一亚种，
它们是不利的隐性基因所导致的畸形。在野外，被人类如此
欣赏的特质其实是一个弱点。在幽暗的丛林和斑驳的阴影中，
这些老虎太过显眼，它们暗中行动、秘密伏击的掠食武器统
统失效，自然选择确保只有极少数能在野外活下去。据笔者
了解，最后一只有记载的白虎于 1958 年在印度比哈尔邦被射
杀。[23]

1951 年，雷瓦（Rewa）狩猎集团中的前任土邦主射杀了

一只雌虎和它的三只幼崽。第四只幼崽是白色的，最后被引诱进一个小木笼里。莫汉（Mohan）的自由到此为止，土邦主宫殿里一个带有露天庭院的房间成了它的领地。一只颜色正常的雌虎，"夫人"（Begum），被人从它在森林里的家乡带走，给莫汉当配偶。虽然它们生了三窝，但没有一只幼崽是白色的。最终莫汉和自己的女儿拉达（Radha）交配，它们生下了4只白色的幼崽。世界上几乎每只白虎都系出这个小小的基因库，远交是极其稀罕的。这些不幸的动物就是这样近交繁殖的，承受着种种身体缺陷，包括背部过分凹陷、歪脖子、斗鸡眼、弱视、腰部麻痹、前腿肌腱过短，还有免疫系统薄弱以至于作用大打折扣，这会让它们受到从肺炎到锥虫感染的各种疾病的折磨。[24] 和所有基因多样性不足的种群一样，白虎幼崽中有很大一部分是死胎，大量的交配根本无法产下后代，自然流产率也非常高。

这些老虎中没有一只品尝过自由的滋味，对自己虽已被削弱却依旧令人望而生畏的力量一无所知，从未在天鹅绒般的丛林黑夜里徐行，也永远不会有这样的机会。它们存在于世的唯一理由，是作为一种令人瞠目结舌的奇观供人取乐，满足所有者的自负，或者是为所有者赚大钱，这最后一点的重要性也不容小觑。情况全都是这样的，无论它们是在布里斯托动物园（Bristol Zoo），在拉斯维加斯迷拉吉酒店（Mirage Hotel）的舞台上，还是在某个马戏团的路演中忍受着漫无止境的煎熬，世界上最大的白虎繁育者霍索恩公司（Hawthorn Corporation）就是出租它们干这个的。

拉斯维加斯魔术师西格弗里德和罗伊打着"保护"的

扎帕什内家族马
团（Zapashnoy F
mily Circus）的"
世纪凯旋秀",
罗斯雅罗斯拉夫
（Yaroslavl）, 2003 £

大旗饲养白虎，还和辛辛那提动物学会（Zoological Society of Cincinnati）一起创立了一个白虎繁育项目。相比于追求保存基因多样性的真正的动物保护项目，以及冒着生命危险在老虎自己的林地里保护它的人们，此举根本就是装装样子而已。白虎是猫科动物优生学程序的折中产物。它们是白色的黄金桶，被打扮成多愁善感之物，本质上却还是实打实的生意，即便它们的主人对它们是真的热爱，就像西格弗里德和罗伊给人的感觉那样。有超过 3 000 万人花钱观看西格弗里德和罗伊在迷拉吉酒店的演出，然而在 2003 年 10 月，一只白虎蒙泰科雷（Montecore）被前排一名发式膨大、"怪异"的女子吸引了，当时这名女子正准备去抚摸这只大型猫科动物。罗伊试图让蒙泰科雷专心表演，但老虎以咆哮作答。罗伊"告诉它不可以，还用麦克风殴打它的鼻子"。蒙泰科雷用嘴衔住了罗伊的袖子，罗伊仰面跌倒在地，这样的姿态是掠食行为的典型诱因，蒙泰科雷向猎物冲过去——或者按照西格弗里德和罗伊的说法，是把罗伊拎起来带到安全的后台，保护他免于接踵而来的混乱。[25] 不论蒙泰科雷的动机为何，罗伊终究是受了很严重的伤。

20世纪初的一名大猫训练师威廉·费拉德尔菲亚简明扼要地介绍了老虎的视角：

美国魔术师罗伊·霍恩和西格弗里德·菲施巴赫尔与名人合影，2002年1月。

野生动物并不太害怕施加在身体上的痛苦，而
是害怕某种莫名的、过于强大的未知力量，那令它
难以理解或者无法应对。驯兽师就是靠这个来控制
狮子和老虎的。并不是别人不具备的某种个人魅力，
或者与生俱来的品格……仅仅是因为此人凭借着孜
孜不倦的耐心，成功地在狮子眼里呈现出巨大无边
的宇宙之力，狮子必须屈从。[26]

　　诸如蒙泰科雷之类的动物无法表达自我，这种沉默给人
一种错觉，以为它们满足于生活在监牢之中，不论是条件舒
适的场所——西格弗里德和罗伊管理的那些必定如此——还
是寒酸的、上了闩的笼子。如果它们像蒙泰科雷一样，由于
情感受挫而向"无边的宇宙之力"发泄，那么"它们很快就
会被收拾得一声不吭，可能永远发不出声音"[27]。不论是黑猩
猩、狮子、狼，还是其他任何有感觉的动物，情况都是这样
的。然而必须要强调的是，蒙泰科雷明面上并没有受到惩罚，
实际上，西格弗里德和罗伊还为它激情辩护，在写这本书的
时候，我猜它应该是和动物园里的其他动物一起过着一如往
常的生活。西格弗里德和罗伊没有继续让它们演出。

　　在此期间，同样是 2003 年 10 月，安托万·耶茨正与
一只短吻鳄和一只东北虎-孟加拉虎混血虎在纽约哈莱姆
（Harlem）一套五楼的公寓内和谐共生，试图创建"一座伊甸
园"，这真是天大的巧合。这只老虎也咬了耶茨的腿，为自己
发声，自那以后便被转送到俄亥俄州柏林中心（Berlin Centre）
的"挪亚遗失的方舟"（Noah's Lost Ark），这里专门营救这些

不幸的动物，并且大力游说不应把野生动物当宠物养。

　　饲养老虎的愿望似乎没有任何逻辑可言。在执迷于安全的美国中部，将这种愿望合理化的借口简直可笑，竟然说老虎比在"危险的"自然栖息地更"安全"。明明是监禁，如今却摇身一变，成了对老虎"有利"的事情，而每个活生生的动物最核心的目标——自由——竟然对它们"有害"。极具影响力的美国动物行为学家、多产作家和正统派人类学家伊丽莎白·马歇尔·托马斯积极推行此种观点，明确表示老虎绝对喜欢马戏团生活，喜欢在表演场上演节目。它们肯定是这样的，因为表演场为它们的常规生活带来了一些变化，所以很受欢迎。托马斯热情洋溢地描述道："马戏团老板住在小拖车里，老虎住在带轮子的旅行笼子里，每个笼子大约是住在里面的老虎的两倍长。有些时候，这些一小群一小群的人和老虎充其量只能躲在一大张防水布下，或者是在马戏团的帐篷里，勉强躲避风雨和烈日。"[28]托马斯认为这种状态体现了引人入胜的互相依赖，共度艰难时日的互相包容，能够产生亲近感，她还站在老虎的立场评论说，如果不是生活在最美好的自然栖息地，那么还是这种生活比较好。她还支持约翰·库内奥的霍索恩公司，这家公司专门为伊利诺伊州北部的马戏团繁育白虎。20多年来，库内奥一再被美国农业部以侵犯动物福利为由传唤，其中一次是在2002年4月23日，因其未能为住在运输笼子里的14只白虎提供最低限度的空间，并于2002年6月再次被传唤；还有未能提供适当的兽医关怀方案；向老虎提供霉变食物，投喂不宜食用的食物。[29]可是，您瞧！它们安全得很呢！

人类与自然愈发疏远，还想要把动物视为没有感情的生命，存在只是为了被我们利用，这一切导致很多人拒绝承认野生动物应属于野生环境。这些饱受虐待的动物很早就有了一位拥护者，他就是抒情诗人拉尔夫·霍奇森（Ralph Hodgson，1871—1962），他的《天堂的钟声》（"The Bells of Heaven"）表达了对动物的深切同情，以及对人类状况的批判性审视：

> 天堂的钟声将要敲响
> 长久以来最为激烈洪亮
> 如果牧师发了狂
> 人们却幡然醒悟
> 牧师和人们一起
> 跪下来愤怒地祷告
> 为驯服、落魄的老虎
> 舞蹈的狗和熊
> 可怜的盲眼小马
> 以及被猎杀的小野兔

其他时期的其他文化，也曾以多种不同的方式应对恐惧心理，以及发挥威力、驯服自然的心理欲望，就算有些文化有时会使用野蛮的手段，但并不是所有的文化都想要摧毁和损害一切野性、高尚的灵魂。

初见老虎时会感到恐惧，这不足为奇。凝视那对大眼睛，近距离感觉在它身体的丝丝缕缕中颤动的力量，敬畏之情便会油然而生，人们也会明白自己在自然的原力面前是何

143

等的渺小。但要想控制恐惧、驯服那些无法驯服的存在，有很多种方法，其中一种就是去信奉共情的神奇力量。孟加拉的乡下妇女传统的坎萨斯是把碎片缝在一起做成的被褥，她们在上面绣出精致的刺绣，表现她们身边的动物：大象、花鹿，当然还有老虎，它通常被放在狩猎场景中，同时受制于猎人和刺绣者的权力。这样的设计让那些走在林中小路上的

画屏上的一只虎，由曾我萧（1730—1781）绘的水墨纸本。

穿用者有了信心，毕竟如此受制于人的动物怎么会带来危险呢？

生活在孟买以北的沃里族，描绘出了他们尊敬的虎神和蔼可亲、近乎温柔的一面，把令人闻风丧胆的野兽变得温和无害。虽然虎神被认为是大自然野性、凶残的一面，但沃里族并不想杀害他在尘世的代表。他们反而用牺牲来安抚他，

这样他就不会夺取他们的牛，或者咬他们。他们还相信他会保护他们的村庄、家园和他们自身，他们说"所有考虑周到的人"都会将他的力量牢记于心，如果旅行至远方，会祈求他的帮助。

另一种将老虎的威力抵消掉的办法，就是为它树立一个好玩的形象，变成一种有趣却又傻乎乎的动物，很容易上人的当。朝鲜文化在这件事上做得最成功，把老虎变成了一种快活的家养宠物。有数不胜数的民间故事讲的是一只傻老虎被哄骗、规劝，甚至是蒙蔽，还有不计其数的画作把它描绘成滑稽可笑、人畜无害的样子。鸦科的鸟类总是伴随在猫科和犬科的食肉动物左右，而且一点儿也不害怕这些强大的、长着毛的伙伴，厚颜无耻地抢夺它们吃剩下的猎获物，盘旋在它们头顶上空，跟它们玩捉迷藏游戏。难怪朝鲜人经常选择用这个题材来说明老虎的愚蠢。

在西方，老虎如今也经常被描绘成一种傻乎乎的形象，快活地跳来跳去，毫无恶意，甚至可以是神奇的儿童之友。但老虎虽然温顺，曾经强大的力量却还是保留着充足的余威，使之成为理想的食品标志，例如家乐氏香甜玉米片（Kellogg's Frosties）的标志，老虎作为能量、生命力和健康的象征得到推广。老虎托尼从 1952 年起为这种香甜的早餐谷物站台，现已扎根在超过 42 个国家的孩子们心中。20 世纪 70 年代，品牌宣传中出现了虎妈妈的形象，在 1974 年，也就是中国的虎年，它生下了雌虎幼崽安托瓦妮特，一个王朝由此建立。不过在英格兰，没有哪只老虎能比小熊维尼最亲密的朋友跳跳虎更温顺，更受人喜爱。

其他在生活中与老虎关系亲近的民族也创造出了慈悲的神，这些神掌控着森林和老虎的行动，聆听信徒的祈祷，保护他们冒险进入森林收获蜂蜡、蜂蜜或者木材时不受伤害。孟加拉的苏达班是世界上唯一一个对人类十分不友好、不适合人类生存的地方，那里的两三百只老虎依旧可以继续原始的生活状态，那里的神是可爱的巴纳比比。与"丛林主人公"相遇是必然的，这时穆斯林和印度教徒会一起进行一种仪式，敬拜强大而又善良慷慨的巴纳比比。在拥有决定生死之力的老虎面前，宗教差异简直微不足道。乘着敞篷小船在茂密的红树林沼泽中穿行的伐木者，会采取进一步的安全预防措施，雇用托钵僧或者 guinons 来为他们选择伐木地，以免遭遇这种水陆两栖的食肉动物。

家乐氏香甜玉米包装盒正面的老托尼。

尽管有这么多与预防措施，可如果真的有老虎从黑暗的林间空地走出来，那么还可以用魔咒来降服它：

Chalani　把老虎赶到森林的其他地方。

Jvalani　让老虎浑身发痒，灼痛难耐，令它感到不安，离开这个地方。

Khilani　让老虎的下巴抽筋，无法张开血盆大口。

还有全世界魔法师标准的万能应急咒：*abracadabra*。

但 guinons 是可以被战胜的，因为狡猾的老虎有时会攻击他，把爪子放在他的脸上，不让他施咒。不过苏达班的居民开始对托钵僧失去信心，因为他们曾经辉煌的力量渐渐流失了。在过去，这些人对沼泽十分熟悉，也像博物学家一样对老虎有着本能般的了解，而现代的托钵僧不去花时间积累这方面的知识，这种推测似乎比较合理。老虎倾向于巡视同样的区域，它们的领地相当明确，在一定程度上是习性难改的动物。就保护伐木者而言，认识到这一点，以及老虎攻击的诱因，无疑大有裨益。虽然伐木者会被老虎杀死——工作性质决定他们必然会非常直接地打扰到这种猫科动物——但他们依然尊敬它。正如斯里·巴在20世纪60年代所言："我们对巴纳比比神的尊敬永无止境，但我们并不恨老虎，我们反而欣赏它的智慧、勇气与威严。我们确实对老虎感到敬畏与惊异。"

第五章

保护老虎

狮子吃人，人吃牛，牛被人吃为何就比人被狮
子吃更天经地义呢？

——托马斯·霍布斯，1641 年

　　1938 年，狂热的动物屠杀者吉姆·科比特写道："拍照
片给户外运动者带来的乐趣要远大于获得战利品。"（当他成
为肯尼亚内罗毕一家狩猎旅行公司的董事时，似乎忘了这茬
儿。）这就表示，就连像他这样专注的狩猎者都开始意识到，
新的牺牲品储备量已经严重受限。科比特效仿老虎栖息地的
首位摄影师、博物学家弗雷德·钱皮恩，在 1938 年花了 4 个
月的时间，用一台摄影机在白天拍摄老虎。他的拍摄成果惊
人，以独特的角度记录下一个现已消失的世界的最后时刻。
科比特锁定了 7 只老虎，在一个月的时间里，一次又一次地把
它们往他的"丛林摄影棚"里引，每次靠近几米。这个"摄
影棚"是一块 45 米宽的峡谷，一条小河流经峡谷中心，河流
两侧是茂密的树丛和灌木。科比特的视角比当代的纪录片更
生动，奇怪的是，还比它们更自然，能够带领观者深入老虎
的世界。它们迈着稳重的步伐，轻轻地走向诱饵，水花飞溅，
森林里盛开的花朵沉沉地垂下了脑袋，仿佛能够闻到扑鼻的
香气；这是大自然最繁茂、最原始也最纯净的一面。老虎们

很悠闲，懒洋洋地甩着尾巴，像迷人的家猫一样搔耳朵，无意间在一大块平整的岩石上摆出优雅的姿态，大爪子耷拉在岩石边上，仿佛昔日的纪念碑。

如今，对于参观印度保护区的游客来说，拍摄老虎就如同过去的狩猎一样流行，在很多人看来，这种心理状态是一致的。这些当代的狩猎者并不把环境作为整体来看待，去认识森林生态系统不可思议的复杂关系，以自然爱好者的眼光去欣赏枝繁叶茂的杧果树、鼯鼠、猫鼬和大象，而是坐在越野车里一路尖叫着转遍野生动物园，目的只有一个：拍摄老虎。他们几乎错过了其他一切。但保护老虎，却不保留它栖息地的复杂性，就相当于是在保护一座空中楼阁。

老虎的保护存在着特有的一系列问题，可不仅是对它的保护被众多问题困扰，对它所生活的整个生态系统的保护也是如此，很难选出哪个问题更重要，但改变人类的意识，改变数百年来一直主宰人类看待自然世界的方式、早已根深蒂固的行为，一定是成功的决定性因素。我们需要转而采取这样一种观点：我们并不是与自然界的其他成员割裂开来的，而是属于一个互相依存的整体。

17 世纪的启蒙运动带来了科学的胜利，理性精神与实证精神的胜利。勒内·笛卡儿是启蒙运动最著名的一个标志性人物，他宣称动物是没有感情的机械，没有获取知识的能力，为基督教中动物被创造出来的唯一目的就是被人利用这一观点的正当性加码。西方的这两套"真言"使人远离自然界的其他成员，认可了心理和身体上的残酷，对栖息地的破坏，甚至是对物种的灭绝。虽然考古证据导致很多基督徒不再相信他们的创世传说，但关于利用和劣等的这番假说在西方人的灵魂里扎根太深，仅凭事实还无法破除它。主流科学界和近期的跨国公司发现，操纵这些根深蒂固的文化假说非常有用，可以让它们继续肆无忌惮地进行过度的活体解剖，砍伐原始森林来造纸，建造陆上输油管道，等等，尤其是在印度开发动植物栖息地。为此，环境保护主义者、博物学家，以及对动物的遭遇感同身受、认识到它们也有感情的人们，都成了嘲笑的对象。动物对土地的要求是合法的，这曾经是它们与生俱来的权利，但这种观念如今却也成了令人讨厌的东西，因为它阻碍了"发展"和"进步"。

虽然环境保护主义者正在扩大影响，人类属于自然而并非独立于自然的观点也开始为更多人所接受，但既得经济利益者依然在几乎全世界占据优势，想要扭转这一态势需要付出极大的努力。近期，在 2005 年 5 月，一场更长远、更严重的危机在全世界新闻界曝光，它足以将老虎逼向灭绝，势必将成为自然保护历史上最大的一桩丑闻。据环境调查署披露，"萨里斯卡老虎保护区的整个老虎种群已经灭绝，可能有 18 只已知的老虎从伦腾波尔老虎保护区消失，9 只已知的、正处于繁殖期的老虎从潘纳老虎保护区消失，更有 21 只失踪或去向不明"[1]。这还只是知名度较高的保护区的消息。如果老虎都能从这样的地方消失，那么在难以到达的保护区或者不受保护的林地，它们还有什么存活的希望呢？

这桩丑闻太大了，涉及面也太广了，以至于印度总理曼莫汉·辛格亲自下令对发生在萨里斯卡的事情展开调查，并且对印度全境的老虎进行充分全面的种群普查。最近一次种群普查将它们的种群数量定为3 624只，很多现场工作人员认为这个数字有虚假的注水成分。如果印度全境的大屠杀和这几个北部保护区所呈现出的规模有得一拼，那么这种优美华丽、无可取代的猫科动物很可能连1 500只都不剩。辛格也对国家野生动物犯罪控制局（National Wildlife Crime Bureau）的设立提供了至关重要的支持，并承认急需为森林与野生动物的管理提供竭诚服务。然而，这样的意愿并不会有助于对森林的保护，除非受聘人员是立场坚定、具有职业精神的执行官员，直接管理保护区的人员不为贿赂所动，是真心实意、经验丰富的环境保护主义者和博物学家。管理保护区的人员与几位政府部长都承认，偷猎这个问题实在太棘手了。中国和泰国对虎皮、虎骨和虎肉的需求持续存在，呼声太高，总会有偷猎现象存在。归根结底，必须改变这种鼓励通过吃虎肉吸取体力与能力、使用虎骨治疗风湿病的文化态度，从而清除这些市场。遗憾的是，这需要至少一代人的时间，这是文化态度转变的常规时限——对于老虎来说，也许已经来不及了。

与此同时，还必须采取紧急行动，印度的文化态度也必须转变。拉贾斯坦邦首席部长建立了一个特别小组，其成员包括一生致力于保护老虎的环境保护主义者、博物学家瓦尔米克·撒帕尔。这个特别小组已经透露，非政府组织和地方社区领导提出警告称，偷猎老虎现象显而易见，却没有得到重视，这在印度各地的保护区都已成常态。没有人做好承担责任的准备，生怕被革职或者调职，因为偷猎在他们的纵容下一直在发生。这个特别小组已经发现了萨里斯卡的偷猎团伙，其中一个团伙承认杀死了该种群18只老虎中的10只。相关人员已被逮捕，一个城里的贩子桑萨尔·昌德也被曝光，但这只是这个国际性问题的冰山一角。

在潘纳，保护区核心区域内的村民承认结成25～50人的大规模团伙进行偷猎，他们的偷猎对象不只有老虎，还有鹿，后者是老虎的猎物，对老虎的生存至关重要。[2] 在一个得到了妥善管理、拥有大量岗哨的保护区，会发生这样的事情吗？答案当然是不会，我曾经在潘纳研究过老虎，那里的案例说明了老虎保护整体上存在的很多问题。中央邦的潘纳是保护的成功案例之一。希亚门德拉·辛格于1986年首次来到那里，在美不胜收的肯河岸边建起了他的肯河旅馆，这时他开始代表保护区进行严肃的游说活动。当时，保护区里的村子比现在多得多。牧牛、牛棚以及太多的活动打扰了这一地区的所有动物，于是双方基本保持着临界距离，变得昼伏夜出。老虎赖以生存的食草动物处境不利，因为它们与牛形成了直接的竞争，为数不多居住在这里的老虎也被迫迁出保护区的范围，到很远的地方寻找质量更好的丛林。

护林员自然会陷入与村民的不断冲突中，因为他们的目标截然不同。对于护林员来说，这种冲突的结果可以是毁灭性的，因为如果护林员被村民投诉，那么他就必须自己出钱为自己辩护，没有靠山。如今森林部门有了一笔福利基金，因此这种情况略有改观，至少这个人的家人不会挨饿了（字面意思，不是比喻义），但从这笔基金里往外拿钱是由主管决定的——如果主管与村民的活动有某种牵扯的话，这个机制显然很容易滋生出滥用职权的情况。对于印度整体环境保护方面存在的亟待解决的行政问题来说，这只是一个小小的例子。

（上图）印度潘纳老
虎保护区的钻石开
采，2000年。

（下图）潘纳保护区
的一只老虎。

在 20 世纪 90 年代，潘纳很幸运地拥有了一位全心全意、正直可靠的林务官乔杜里先生，他准备花时间进行现场工作，他的这份热情也感染了手下，使得潘纳和那里的野生动物兴旺起来。（令人愤慨的是，2005 年，萨里斯卡的高级管理层甚至没有驻扎在现场，也没有对手下的巡逻队进行督导。）乔杜里先生在额外的资金支持下，迁走了牲畜，装备了对讲机和更多的巡逻车，这意味着森林本身的质量得到了提升，食草动物开始增多，使得直接依赖食草动物的老虎种群也开始增多。然而成功也带来了问题。由于潘纳只能养活 40 只左右的老虎，因此半成年的雄虎需要远离占据支配地位的雄性居住者，开辟出自己的领地，为此它们不得不离开这个保护区。因为潘纳周围没有缓冲区，使得老虎与村民产生了直接冲突，特别是因为老虎会叼走他们上好的奶牛，于是村民经常会往牛的尸体里下毒。这样就又死了一只老虎。

因此，对于老虎和其他很多动物来说，领地和空间的问题最为重要。在整个印度次大陆，如今只有 4 个地区——卡纳（Khana）、班迪普尔（Bandipur）、那加霍尔（Nagarhole）和苏达班——可以提供充足的、连绵不断的森林，让老虎按照经历了 150 万年演化的生活方式来生活，而且即便有了这些，也完全不够。比如有 300 只老虎，或者说实际上熊、熊猫、豹也是一样，如果是整体分布在一个足以满足它们需求的地区，要远比分成 10 个小群、每小群 30 只且分布在 1/10 大小的地区更容易存活，也更容易实现数量上的增长，而后一种本质上正是如今大多数保护区的情况。分成小群的话，就会不断地近亲繁殖，损害基因多样性，即使没有脊柱前凸之类的特定遗传病，种群整体的活力也会大大降低。小群也极易因疾病而灭绝。同理，如果是大群遭到偷猎，还有一定的机会复兴。可如果把一个只有30只的种群里为数不多的、处于繁殖期的老虎带走，那么整个群体可能就无法重新自我繁殖了。在各个保护区之间搭建森林通道，让老虎在其他地区建立领地，为基因库添砖加瓦，可以在一定程度上解决基因多样性的问题。希亚门德拉·辛格正在四处游说，筹集资金购买土地，用作连接潘纳与350千米以外的北方邦（Uttar Pradesh）保护区的通道，即便这些通道只有1千米宽。就目前情况来看，比较倾向于用火车将老虎从较近的保护区运过来，例如班达伽（Bandhavgarh）。

拉古·楚达瓦特博士设立了一个研究项目，利用遥测技术监视潘纳的老虎，并跟随一只雌虎大家长的脚步拍摄了一部美妙的影片。遗憾的是，影片的拍摄手法给人的感觉像是保护区里所有的成效都是楚达瓦特博士的个人努力，事实当然并非如此，因此让人心里很不舒服。楚达瓦特的工作包括通过研究确定了对更多花鹿的需求，这是老虎在潘纳最喜欢的一种猎物，为此他要求公园管理层砍掉树苗，让花鹿有更多的开阔地，但在他看来，管理层做得太过火了。诉讼上达印度高等法院，最终结果是从今往后保护区不许违背年度管理计划。这个结果是有好处的，因为必然有助于制止滥用职权，但这同时也意味着管理层无法对不断变化的情况做出迅速反应。

楚达瓦特在保护区使用遥测技术，这一点饱受争议，但实际上仅仅监视老虎的位置、看它们是在活动还是在休息，向我们提供的信息微乎其微，更糟糕的是，这几乎把它们变成了"抽象概念，不过是地图上的点和活动图。它几乎没有把它们当作有着日常烦恼与渴望的活物来展现"[3]。向老虎这样的动物发射麻醉枪实施麻醉，是非常危险的。人们可能会用错剂量，导致老虎清醒时出现问题，或产生不良反应，因为它们极其脆弱。

我曾经问过楚达瓦特博士，是否认为印度的人口膨胀是对老虎生存产生不利影响的主要因素，鉴于过量的人口只给老虎留下了零零碎碎的小块地区，并且日复一日地进犯它们狭小的领地。他的回答是："只要我们有决心，就能拯救老虎。"也许吧，但它们越来越局限于必须由人类不断干涉的受控环境中，那可不是过着野生生活的野生动物。

伦腾波尔是拉贾斯坦邦一个知名度极高的保护区，完美诠释了当老虎的避难所成为热门旅游目的地、急剧蔓延的人海上的孤岛时，会发生什么事。瓦尔米克·撒帕尔是主要的老虎保护者之一，他经过多年的努力，把伦腾波尔变成了一个真正的老虎避难所，雌虎可以在这里得到养育幼崽所需的偏僻环境，它们的猎物很充足，它们的生活也很自然。他将它们的生活制作成纪录片，利用强大的官僚机构，有时还利用这个系统的腐败，但就连他都难以招架了。他在1992年的著作中评论道：

> 伦腾波尔老虎保护区项目所谓的成功，吸引了来自世界各地的游客……但这些人中有谁会腾出一天时间，不去寻找老虎，而是去看看公园外面，坐在一个

160

村子里，深入了解一下当地人的态度？没有……

他还写道：

> 即使是关心这些的观察者过来观看这场大秀时，也被挡在事实之外。虽然公园里有将近300千米长的道路，但只允许游客踏上某些特定的路线，连总长度的1/3都不到。他们看不到森林的边缘和缓冲区。其余的道路被拖拉机和骆驼拉的车霸占，用于运输大量非法采伐的木材。如果封闭这些道路，只允许整柜提货把木材运走，那么对环境的这种破坏将会在很大程度上停止。[4]

2004年，伦腾波尔的情况并没有改变，在卡纳之类的保护区也是如此。不让游客进入这些地区的理由之一，是要给老虎和其他动物留下独属于它们的地方，尽管这可能是原本的理由，可如今也是为了确保游客看不到这些恶劣的地区，以免引起抗议。但事情会有改观吗？也许会，但游客本身却正在助长老虎的毁灭。他们的人数激增，在过去的10年里从每年36 808人上升到每年67 981人，诚如伦腾波尔总负责人戈文德·萨加尔·巴德瓦杰所言，"具有政治影响力的酒店业主"正在危害这座国家公园的未来，"有权有势的政客支持的大酒店很短视，一直要求增加准入的越野车数量，以运输越来越多来看老虎的游客"。保护区根本应付不了它接待的这么多游客，在政界有人脉的关系户也得到了在生态敏感区建造豪华度假村的许可，令局面雪上加霜。老虎需要安宁；在伦腾波尔，它们常常被打扰和骚扰。2005 年 5 月，仍然存活的老虎可能连 20 只都不到，这么小的数字还有什么希望可言？[5]

　　我认为，要想让老虎活过下一个世纪，并且像英国统治印度，洗劫森林，恣意贪求虎皮、虎骨和虎鞭之前的时代一样生活，唯一真正的希望就是保护苏达班（印度东北部的一个沿海地区，在恒河口处与孟加拉国毗邻）那些尚未被破坏的区域，使其保持原样。要衡量保护有多么成功，不是看有多少游客看见了老虎，而是要看一个健康的、基因多样的族群的保护情况。这个最后的野生前哨站，原本叫作Baghratatimandal——可能是虎庙的意思——即使到了 19 世纪，还被描述成一个"理想的连绵地带，有很多湿地和沼泽，食肉动物可以在那里找到安全的庇护所"[6]，一个几乎走不出去的迷宫，遍布着冲积岛，每天被覆盖着地表 70% 的水路环绕着，可后来却不断劣化为一个更加商业化的环境。老虎喜欢水，可以从一座岛游到另一座岛，即使距离长达 13 千米，对它们来说也不成问题。[7] 苏达班的老虎以鱼蟹为食，甚至还适应了饮用咸水。老虎是那么多才多艺，那么聪明伶俐，那么随遇而安，可它无法在没有土地的情况下生存，如今整个生态系统所依赖的红树林正在被砍伐，用来制取木炭，这里的沼泽也和全世界的红树林沼泽一样，正在被大虾养殖业侵吞。尼龙网常常从河岸上撒下来，为的是捕捞一种叫作虎虾的虾苗，多么讽刺的名字。这对红树苗造成了破坏，而它们对于环境的不断再生是不可或缺的，这同时也破坏了很多鱼种，以及供养着它们的多种生物幼苗。[8]苏达班老虎保护区的现场副主管 S. 穆克说："这是威胁这一地区的最严重问题。尽管我们正在尽力规范这种行为，但事实上情况已经无法控制，并且正在破坏这一地区的整个河口生态系统。"[9]鱼类的缺乏开始危及鳄鱼的存活，自会产生连带效应。随着生态系统食物链的崩溃，会有越来越多的动物受到影响。最终结果犹未可知，但可以肯定的是，对曾经在这个妙不可言的地方兴盛繁衍的动物们来说，不会有好处的。

下次你在超市的本地鱼类区看到这些冰镇的虎虾，或者在当地泰国餐厅看到和辣汁一起端上来的虎虾时，请不要忘了它们从何而来，以及在你的助长下，虎虾的生产对这个世界的野生动物产生了怎样的影响。

苏达班的原住民总是在采伐木材，但总量还不足以损害整体的生态系统。如今，据来自苏达班的印度共产党（马克思主义）议员拉迪卡·兰詹·普拉曼尼克称，在苏达班，木料商人正在进行大规模的黑市交易，他们贿赂了林务官和工作人员，随心所欲地采伐木料。来自印度森林的木材被拉去做成画框、廉价硬木地板和廉价家具，供应执着于用完就扔的东西和"物有所值"的西方社会。如果我们大家都去购买通过森林管理委员会（Forest Stewardship Council，FSC）认证的木材，使用可回收木料，就能为保护全世界的老虎和其他动物的栖息地出一份力。

偷猎老虎和它的猎物——鹿，在这个地区一直盛行，如果印度北部的惨状代表了偷猎这项大产业的现状，那么这种现象无疑正在迅速恶化。一想到甚至区区 150 年以前，苏达班的野生动物资源还那么丰富——印度独角犀、爪哇独角犀、野生水牛和淡水豚生生不息——简直让人不寒而栗。在这个地区，它们现已全部灭绝。当下，大型旅游公司印度撒哈拉集团（Sahara India Pariwar Group）想要"开发"3.05平方千米的土地，在上面建造五星级漂浮酒店、高速船屋、气垫船设施、直升机停机坪和一个高尔夫球场，或许还有一座漂浮赌场，虽然撒哈拉集团的意图尚不明确，却还有鱼类加工以及养殖鳄鱼和老虎的一套设备，后者的危害尤其大；不可能把它们中任何一只放回野外，因为它们没有学习过生存所必需的捕猎技巧——在野外需要两年多的时间才能掌握——这些动物中的一些似乎更有可能沦落到亚洲的老虎器官交易市场，从而进一步刺激需求与偷猎行为。

撒哈拉集团打着生态旅游的旗号掩盖它的行为，按照国际自然保护联盟的定义，生态旅游是：

> 对环境负责的观光旅游，对目标地区的干扰相对较小，目的是享受、研究与欣赏自然（以及与之相关的任何文化特色——无论是过去的还是当下的），这种观光旅游促进自然保护，游客影响小，并且为当地人提供积极正面的社会经济利益。

撒哈拉的提案如果被孟加拉政府接受，就将破坏苏达班及其经济支柱捕虾业，"以及数以千计的当地人赖以生存的木柴、木料、药材、蜂蜜和其他天然产品"[10]，此外，偷猎者也会更容易渗入苏达班，使仅剩的野生动物数量锐减。这样做还会污染环境，而且强力照明会改变动物的习性，让它们不得安宁；海滩的开发会减弱现有植被对海洋的缓冲效应，2004年12月的那场海啸过后，很难说这种事情微不足道。

野生老虎已经在巴厘、爪哇、朝鲜、中国和里海地区基本灭绝了，在苏门答腊处在灭绝的边缘，在泰国、越南、柬埔寨和俄罗斯东部也只留下为数不多的一些。如今，对它来说，这个世界上唯一可以与几百只同类和平生活的地方，是不是也要被夺去了呢？印度曾经有着一望无际的森林。茂盛的印度苦楝树的粗枝，迎着热带的微风轻轻摇曳，高大的柚木生长在西高止山脉（Western Ghats），芳香四溢的松柏覆盖着喜马拉雅山脉。这些丰饶的地区为次大陆上一代又一代的人们提供了生存所需的一切，却被英国人变成了商业财产，为他们提供铁路枕木所需的木材，让他们的火车跑起来，为他们造船、造纸，养活急速膨胀的一帮子官僚。整片整片的森林被砍伐，种上了棉花、槐蓝属植物和外来物种，它们全都对万物赖以生存的生态环境和脆弱的地下水位产生了破坏性的影响。印度独立和圣雄甘地遇刺之后，这一问题猝然爆发。贪婪的林中居民砍伐了整个地区的森林，然后在那里过度放牧牛羊，饱受土壤侵蚀之苦，这也意味着这些地区再也无法更生。老虎、大象、鹿和人永远地失去了家园。20世纪70年代，甚至有更多的森林沦为牺牲品，以便为消费者提供胶合板、橡胶、桉树油、茶叶与更多的咖啡。

村民曾经过着可持续发展的生活。伦腾波尔的森林曾经出产漆树中的天然漆，可以做成美丽的珠宝；如今这片森林只剩下伦腾波尔老虎保护区内的一块，因此禁止入内。曾经

一名兜售护身符和虎制品药材——包括虎爪——的小贩，约1920年。

与周围的自然环境和谐共处的数百万人民，他们理解森林的和谐状态以及森林对生活的重要意义，如今却没有森林可供栖身。他们成了异乡的异客，被迫过起了难以适应的生活。一些人背井离乡，来到德里之类的城市，在城市里，他们往往沦为乞丐。很多人被迫投身于农业经济，这又进一步恶化和抹杀了自然栖息地。很多人不得不诉诸偷猎盗伐，从猎杀老虎到砍伐芳香的檀木，这种半寄生的树几乎无法进行商业种植，如今在印度几近绝迹。还有一些人每天盗取森林保护区的木材用来做饭。

还是有很多人，虽然明显不是所有人，更愿意与自然和谐共处，想要让森林一如从前那般繁茂。他们想要让学校向他们的孩子讲授周围的环境，以及如何在这样的环境中卓有成效地生活，老虎的生存——归根结底是自然——在很大程度上要取决于这些人。

为了老虎的生存，最重要的一点是，必须保护苏达班不被开发累及。需要进行合理的人工造林，扩大森林面积，让

度干哈国家公园
（nha National Park）
林小径上的一只
年雄虎。

167

与自然和谐共生并且希望继续下去的人们得偿所愿。必须转变对待虎制品消费的文化态度，严惩偷猎者和虎制品交易商。必须推行真正的生态旅游，而我们作为消费者，也必须慎重考虑"廉价"实物的真实成本，以及我们自身的消费欲望，它受到了身家数十亿的公司以及它们凌厉的广告宣传攻势的驱使。

我们必须要捍卫的自然权利是生存权，而不是消费和开采权。自然遗产也属于我们的子孙后代，必须得到拯救，只有这样，如今脱离了自然，与它渐趋疏远的人类，才有可能重获太平。

大事年表

公元前3000万年	公元前200万年	公元前10000年
最早的猫——原猫，牙齿比如今的猫要多。人们在法国发现了它的遗骨。	豹属分化为不同的种：虎、狮、豹。	8个地理意义上的虎亚种（里海虎、东北虎、华南虎、印度支那虎、孟加拉虎、苏门答腊虎、爪哇虎、巴厘虎）开始进化。

公元前220—前206年	约公元300年	1119—1125年	1560年
已知最早的《易经》文本成文。白虎和青龙分别代表了雌雄两性的能量，在第63卦中结合。	华佗发明养生五禽戏，是为太极和功夫的前身。它基于五种动物的姿态：鹿、猴、熊、鹤和虎。	中国小说的一大杰作《水浒传》讲述了江湖好汉反抗统治阶级压迫的故事。其中一个著名的桥段是武松打虎。	马六甲的葡萄牙传教士郑重地将很多人类形态的老虎精逐出教会。

20世纪最初几年	1944年	1947年
挪威的埃索石油公司最先采用老虎商标，宣传其石油产品；老虎商标很快走向世界，使得埃索/埃克森老虎成为世界上迄今为止最具标志性、最成功的一个广告宣传物。	《库蒙的食人兽》出版，英属印度的头号老虎杀手吉姆·科比特在书中讲述了一个个惊心动魄的故事——据说都是真人真事。	印度的独立与民主，促使对印度仅存的老虎的屠杀以指数级上升。

公元前3500年	公元前2637年	约公元前500年	公元前500年

生活在俄罗斯东部阿穆尔河流域的人们在玄武岩上创作了老虎岩刻，这是已知最早的形象。

黄帝引入了农历，是为中国占星术的基础。农历以60年为一个周期，由5个基本周期组成，每个周期的长度为12年。老虎代表每个周期中的第三年。

佛陀化身为摩诃萨埵王子时，通过舍身饲虎来说明佛教徒所理解的至高美德——慈悲。

中国风水最早的证据出现。这种条纹猫科动物以西方白虎的形态，与东方青龙的能量相平衡。

约1600年	约1793年	1900年

莫卧儿皇帝贾汉吉尔在一个巨型动物园里养老虎作为宠物，给我们带来了这种至高无上的食肉动物最早的、详细的自然史记载。

印度迈索尔统治者蒂普苏丹——英国人不共戴天的宿敌，委托制造了"蒂普之虎"，这是一个实物大小的自动机械装置，展示了一只咆哮虎吞噬一名英国士兵的场面。

全部8个虎亚种此时尚存，但在接下来的几十年里，里海虎、华南虎、爪哇虎和巴厘虎将基本灭绝。

1969年	1972年	2005年

由于凯拉什·桑科哈拉不知疲倦的宣传活动，老虎终于被列入濒危物种红色名录。

老虎取代了狮子，成为印度国兽。

大规模偷猎使潘纳、萨里斯卡和伦腾波尔保护区的老虎种群数量锐减。撒哈拉酒店集团计划开发苏达班的部分地区，那里是老虎最后一座真正的野外避难所。老虎的命运再度陷入危险——这一次，可能真的是它的丧钟。

注　释

第一章　进化与自然史

[1] Alan Turner and Mauricio Antón, *The Big Cats and their Fossil Relatives* (New York, 1997).

[2] Sandra Herrington, 'Subspecies and the conservation of Panther tigris: Preserving genetic heterogeneity' in R. L. Tilson and U. S. Seal, eds, *Tigers of the World: The Biology, Biopolitics, Management and Conservation of an Endangered Species* (Park Ridge, NJ, 1987), pp. 512-560.

[3] Colbert and Hooijer, 'Pleistocene Mammals from China', *Bulletin of the American Museum of Natural History*, CII (1953).

[4] Mary Linley Taylor, *The Tiger's Claw: The Life-story of East Asia's Mighty Hunter* (1956).

[5] Richard Perry Cassell, *The World of the Tiger* (1964).

[6] Shekhar Kolipakor与作者的对谈。

[7] Kailish Sankhala, *Tiger!: The Story of the Indian Tiger* (London, 1978).

[8] Pliny, *Natural History*, VIII.

[9] Frances Eden, *Tigers, Durbars and Kings: Fanny Eden's Indian Journals 1837—1838*, ed. Janet Dunbar (London, 1988), 出自她的原始日记, Oriental and India Office Collections, British Library, London.

[10] Sankhala, *Tiger!*

[11] 与潘纳的博物学家和环境保护主义者Shyamendra Singh的对谈。

[12] S. H. Prater, *The Book of Indian Animals* (Oxford, 1998 [1948]).

[13] Sankhala, Tiger!

[14] Patrick Hanley, Tiger Trails in Assam (1961).

[15] Prater, *Indian Animals*.

第二章　尘世的激情与精神的协调

[1] 作者在贾斯坦邦人的对话中经常听到。

[2] W. Perceval Yetts, *The Cull Chinese Bronzes* (London, 1939).

[3] Stephen Skinner, *The Living Earth Manual of Feng Shui* (London and Boston, 1989).

[4] See J. J. M. de Groot, *Chinese Geomancy*, ed. Derek Walters (London, 1989).

[5] Skinner, *Living Earth Manual of Feng Shui*.

[6] *The Taoist Classics: Collected Translations of Thomas Cleary* (Boston, 2003), vol. I.

[7] R. H. van Gulik, *Sexual Life in Ancient China* (Leiden, 1974).

[8] J. Rawson, *Western Zhou Ritual Bronzes from the Arthur M. Sackler Collections* (New York, 1990), vol. II.

[9] Valmik Thapar, *The Tiger's Destiny* (London, 1992).

[10] *Independent*, 9 May, 2004.

[11] Environmental Investigation Agency, *Thailand's Tiger Economy* (2001).

[12] 辉瑞公司的Emily Bone发给作者的电子邮件，2004年5月14日。

[13] Wendy Doniger O'Flaherty, *Siva: The Erotic Ascetic* (Oxford, 1973).

[14] A. Hiltebeitel, 'The Indus Valley "Proto-Siva," Reexamined through Reflections on the Goddess, the Buffalo, and Symbolism of Vahanas', *Anthropos*, 73 (1978), pp. 767–797.

[15] 酥油是一种无水黄油，在印度菜中大量使用。

[16] William George Archer, *Bazaar Paintings of Calcutta: The Style of Kalighat* (London, 1953).

[17] Yashodhara Dalmia, *The Painted World of the Warlis* (New Delhi, 1988).

[18] 作者亲眼所见。这张照片也在他们的镜子区售卖。

[19] Kailish Sankhala, *Tiger!: The Story of the Indian Tiger* (London, 1978).

第三章 形象的威力与现实的力量

[1] Edward T. Bennett, *The Tower Menagerie* (1829).

[2] Kailish Sankhala, *Tiger!: The Story of the Indian Tiger* (London, 1978), p. 135.

[3] Sir George Maxwell, *In Malay Forests* (1907).

[4] P. Boomgaard, *Frontiers of Fear* (New Haven, CT, and London, 2001).

[5] Maxwell, *In Malay Forests*.

[6] *Harivamsa (Vishnu Parva)*, ch. 16.

[7] Valmik Thapar, *The Tiger's Destiny* (London, 1992).

[8] S. H. Prater, *The Book of Indian Animals* (Oxford, 1998 [1948]).

[9] Boomgaard, *Frontiers of Fear*.

[10] Thapar, *Tiger's Destiny*.

[11] www.mangalore.com

[12] William Crooke, *Religion and Folklore of Northern India* (London, 1896).

[13] *The Tiger Rugs of Tibet*, ed. Mimi Lipton (London, 2000).

[14] Alexei Okladnikov, *Art of the Amur: Ancient Art of the Russian Far East* (New York and Leningrad, 1981).

[15] Mircea Eliade, *Shamanism: Archaic Techniques of Ecstasy*, trans. W. R. Trask (Princeton, NJ, 1970).

[16] 在公元前400年的《国语》中有涉及，但其由来更加古老。

[17] W. C. White, *Tombs of Old Lo-Yang* (Shanghai, 1934).

[18] *The Chinese Classics*, vol. V, trans. James Legge (Oxford, 1895), p. 293.

[19] K. C. Chang, *Art, Myth and Ritual: The Path to Political Authority in Ancient China* (1983).

[20] K. R. van Kooij, *Worship of the Goddess according to the 'Kalikapurana'* (Leiden, 1972).

[21] Nelson Wu, *Chinese and Indian Architecture* (New York, 1963).

[22] 商代陵墓，例如河南安阳西北岗。

[23] William Watson, *Cultural Frontiers in Ancient East Asia* (Edinburgh, 1971).

[24] W. Perceval Yetts, *The Cull Chinese Bronzes* (London, 1939).

[25] *Korean Cultural Heritage* (2002), vol. II, p. 212; Jane Portal, Korea: *Art and Archaeology* (London, 2000).

[26] Arthur Wellesley向东印度公司董事会如是交代，1800年1月。

[27] Henry Willis, in Mildred Archer, *Tipoo's Tiger* (London, 1959).

[28] Fillingham Collection of Cuttings, British Library, London 1889.

[29] www.esso.be/Corporate/About/History/Corp_A_H_Tiger.asp.

第四章　恐惧心理：驯化的老虎，退化的老虎

[1] John Lockwood Kipling, *Beast and Man in India* (1891).

[2] W. C. White, *Tombs of Old Lo-Yang* (Shanghai, 1934).

[3] Pliny, *Natural History*, viii, lxi, 147–150.

[4] Petronius, *Satyricon*, 119, 14, 在尼禄统治时期 (54—68)所写。

[5] George Jennison, *Animals for Show and Pleasure in Ancient Rome* (Manchester, 1937).

[6] Cited in Jennison, *Animals for Show*.

[7] Abul Fazl (Abu'l-Fadl 'Allami), *Ain-i-Akbari* (Eng. trans. Calcutta, 1873—1894).

[8] Niccolao Manucci (一位威尼斯旅行者，曾经在沙贾汉的宫廷中生活多年); 见：*Mogul India*, trans. and ed. W. Irvine (London, 1900).

[9] Miss Corner and Anon., *China; Pictorial, Descriptive, and Historical with Some Account of Java and the Burmese, Siam and Anam* (London, 1853), p. 329.

[10] The Times, 25 May 1849, Court News. 西班牙还有另一起类似事件，见：*The Times*, 26 July 1904.

[11] D. Rybot, *It Began Before Noah* (London, 1972).

[12] P. Belon, *L'histoire de la nature des oiseaux* (Paris, 1955), p. 191; Marquis de Sourches, *Mémoires*

(Paris, 1882), vol. I, p. 77.

[13] David Henry, *An Historical Description of the Tower of London and its Curiosities* (London, 1757).

[14] Thomas Boreman, *Curiosities in the Tower of London*, 2 vols (London, 1741), p. 75.

[15] Boreman, *Curiosities in the Tower of London*, p. 44.

[16] Daniel Hahn, *The Tower Menagerie* (London 2003), p. 2.

[17] Fillingham Collection of Cuttings, 1889.

[18] *New York Herald*, 23 November 1838, condensed from the *London Standard*.

[19] Isaac van Amburgh, *An Illustrated History and Full and Accurate Description of the Wild Beasts and Other Interesting Specimens of Nature, contained in the Grand Caravan of Van Amburgh & Co.* (New York, 1846).

[20] Fillingham Collection of Cuttings, 1889.

[21] Lyudmila N. Trut, 'Early Canid Domestication: The Farm-Fox Experiment', *American Scientist*, lxxxvii/2 (March-April 1999).

[22] Tippi Hedren, *The Cats of Shambala* (London, 1985).

[23] Kailish Sankhala, *Tiger!: The Story of the Indian Tiger* (London, 1978), p. 90. 他亲自核查了土邦主的狩猎纪录。

[24] 关于动物园中近亲繁殖的的白虎，见A. K. Roychoudhury and K. S. Sankhala, 'Inbreeding in White Tigers', *Proceedings of the Indian Academy of Science*, LXXXVIII (1979), pp. 311-323.

[25] www.eonline.com, 14 October 2003.

[26] Cited in Cleaveland Moffett, 'Wild Beasts and their Keepers: How the Animals in a Menagerie are Tamed, Trained and Cared for', *McClure's Magazine* (May 1984), p. 556.

[27] Nigel Rothfels, *Savages and Beasts* (Baltimore, 2002), p. 12.

[28] Elizabeth Marshall Thomas, *The Tribe of Tiger* (New York, 1994).

[29] www.kenglade.com for Spirit, the Southwest Airlines magazine.

第五章　保护老虎

[1] www.eia-international.org: 'The third tiger crisis', 4 April 2005.

[2] Jay Mazoomdaar in the *Indian Express*, 6 March 2005.

[3] George B. Schaller, *The Last Panda* (Chicago, 1993).

[4] Valmik Thapar, *The Tiger's Destiny* (London, 1992).

[5] Times News Network, Thursday, 4 March 2004.

[6] Tushar K. Niyogi, *Aspects of Folk Cults in South Bengal* (Calcutta, 1987).

[7] O'Malley1914年在*Bengal District Gazetteer* 的文章中写道，"不久前在梅迪尼普尔（Midnapur）区的Rasulpur河口发现了一只离群的老虎，它从Sagar 岛渡河而来，河宽约13千米"。

[8] 1994年S.D. Marine Biological Research Institute, 24 Parganas (South)进行的一项调查显示，平均每收集519只虾苗，至少有5 103.25克其他植物的幼苗遭到破坏，这些幼苗供养着多种鱼类。

[9] *Frontline*, (published at Chennai), 17 November 1995.

[10] Environmental Investigation Agency Sundarbans briefing, 17 March 2004.

参考文献

Allami, Abul Al Fazl Ibn Mubarak, *The Ain i Akbari, trans.* H. S. Jarret (Calcutta 1891) .

Ali, Salim,'The Moghul Emperors of India as Naturalists and Sportsmen', *Journal of Bombay Natural History Society*, XXXI/4 (1927).

Amburgh, Isaac Van, *An Illustrated History and Full and Accurate Description of the Wild Beasts and Other Interesting Specimens of Nature, contained in the Grand Caravan of Van Amburgh & Co.* (New York, 1846).

Badoux, D. M., *Fossil Mammals from Two Fissure Deposits at Punang, Java* (Utrecht, 1959).

Baker, Sir Samuel W., *Wild Beasts and Their Ways* (London and New York, 1890).

Bannerman, Helen, *The Story of Little Black Sambo* (London, 1899).

Belon, P., *L'Histoire de la Nature des Oiseaux* (Paris, 1955).

Benn, Francis Brentano, *Big Cats* (London, 1949).

Bennett, Edward T., *The Tower Menagerie* (London, 1829, 1830).

Bernier, François, *Travels in the Mogul Empire*, trans. Irving Brooke (London, 1826).

Blurton, Richard T., *Hindu Art* (London, 1992).

Boomgaard, P., *Frontiers of Fear: Tigers and People in the Malay World, 1800–1950* (New Haven, CT, and London, 2001).

Bunker, Emma, *Nomadic Art of the Eastern Eurasian Steppes* (New York, 2002).

Cassell, Richard Perry, *The World of the Tiger* (London, 1964).

Chang, K., *Art, Myth and Ritual* (Cambridge, MA, 1983).

Choudhury, Ranabir Ray, ed., *Calcutta a Hundred Years Ago* (Bombay, 1987).

Cleary, Thomas, trans., *The Taoist Classics*, (Boston, ma, 2003), vol. I.

Colbert and Hooijer, 'Pleistocene Mammals from China', *Bulletin of the American Museum of Natural History*, CII (1953).

Corbett, Jim, *The Man-Eaters of Kumaon* (Oxford, 1944).

Corner, Miss, and Anon., *China Pictorial, Descriptive, Historical* (London, 1853).

Courtney, N., *The Tiger, Symbol of Freedom* (London, 1980).

Crooke, W., *Folklore of Northern India* (London, 1896), vol. II.

Dalmia, Yashodhara, *The Painted World of the Warlis* (New Delhi, 1988).

Devi, Ganga, *Tradition and Expression in Mithila Painting* (Ahmedabad, 1997).

Eden, Fanny, *Tigers, Durbars and Kings: Indian Journals, 1837—1838*, ed. Janet Dunbar (London,

1988).

Endicott, Kirk Michael, *Batek Negrito Religion* (Oxford, 1979).

Fergusson, James, *Cave Temples of India* (1880).

'Fossil Carnivora of India', *Pal. Indica* n.s. XVIII (1932), 232.

Geyer, Johann, *Inside a Menagerie* (Leipzig, 1835).

Gittleman J. L., S. M. Funk, D. Macdonald and R. K. Wayne, eds, *Carnivore Conservation*

(Cambridge, 2001).

Gulik, R. H. van, *Sexual Life in Ancient China* (Leiden, 1974).

Hanley, Patrick, *Tiger Trails in Assam* (London, 1961).

Hedren, Tippi, *The Cats of Shambala* (London, 1985).

Holme, Bryan, *Advertising: Reflections of a Century* (London, 1982).

Jahangir, N., *Memoirs*, trans. A. Rogers and H. Beveridge (London, 1909).

Jennison, G., *Animals for Show and Pleasure in Ancient Rome* (Manchester, 1937).

Kipling, J. L., *Beast and Man in India* (London, 1891).

Kipling, Rudyard, *The Jungle Book* (London, 1975).

Kircher, Athanasius, *China Illustrata* (Amsterdam, 1667).

Kock, Deiter, 'Historical Record of a Tiger in Iraq', *Zoology in the Middle East*, IV (1990).

Kooij, F. R. van, *Worship of the Goddess according to the Kalikapurana, part i* (Leiden, 1972).

Korean Cultural Heritage (Korea, 2002), vol. II.

Kurten, Bijorn, *On Evolution and Fossil Mammals* (New York, 1988).

Lau, Theodora, *The Handbook of Chinese Horoscopes* (London, 1996).

Lipton, Mimi, *The Tiger Rugs of Tibet* (London, 1988).

Loewe, Michael, and Edward L. Shaughnessy, *Cambridge History of Ancient China* (Cambridge,

1999).

Manucci, Niccolo, *Memoirs of the Mogul Court*, ed. Michael Edwardes (London, 1957).

Maxwell, Sir George, *In Malay Forests* (London 1907).

McCune, Shannon, *The Arts of Korea* (Rutland, VT, and Tokyo, 1962).

Moffett Cleaveland 'Wild Beasts and Their Keepers: How the Animals in a Menagerie are Tamed,

Trained and Cared For', *McClures Magazine* (May 1984), p. 556.

Nath, B., 'Animals of Prehistoric India and their Affinities with those of the Western Asiatic', *Records

of the Indian Museum*, 59/4 (1966), pp. 335-367.

Niyogi, Tushar K., *Aspects of Folk Cults in South Bengal* (Anthropological Survey of India, 1987).

O'Flaherty, Wendy Doniger, *Siva, the Erotic Ascetic* (Oxford, 1981).

Okladnikov, Alexei, *Art of the Amur* (New York and Leningrad, 1981).

Platter, Thomas, and Horatio Busino, *The Journals of Two Travellers in Elizabethan and Early

Stuart England*, ed. Peter Razzel (London, 1995).

Pliny, *Natural History*, vol. III, books VIII–IX, trans. H. Rackham (London, 1967).

Polo, Marco, *The Travels of Marco Polo*, ed. Ronald Latham (London, 1958).

Portal, Jane, *Korea: Art and Archaeology* (London, 2000).

Prater, S. H., *The Book of Indian Animals* (Calcutta, 1998).

Purchas, Samuel, *Hakluytus Posthumus, or Purchas his Pilgrimes* (London, 1625).

Rawson, J., *Western Zhou Ritual Bronzes from the Arthur M. Sackler Collection* (Cambridge, MA,

1990), vol II 179.

Rothfels, N., *Savages and Beasts* (Baltimore, MD, and London, 2002).

Roy, Asim, *The Islamic Synchronistic Heritage in Bengal* (Princeton, NJ, 1983).

Sankhala, Kailash, *Tiger!* (London, 1978).

Schafer Edward, *The Golden Peaches of Samarkand* (Berkeley, CA, 1963).

Schaller, W. B, *The Last Panda* (Chicago, 1994).

——, *The Deer and the Tiger: A Study of Wildlife in India* (Chicago, 1967).

Singh, Billy Arjan, *Tiger Haven* (New Delhi, 1999).

Skinner, Stephen, *The Living Earth Manual of Feng Shui* (London, 1982).

Sourches, Marquis de, *Mémoires* (Paris, 1882), vol. I.

Sunquist, M. and F., *Wild Cats of the World* (Chicago, 2002).

Taylor, Mary Linley, *Chain of Amber* (Lewes, 1992).

Thapar, Valmik, *The Tiger's Destiny* (London, 1992).

——, *Wild Tigers of Ranthambore* (New Delhi and Oxford, 2001).

Thomas, Elizabeth Marshall, *The Tribe of Tiger Thomas* (London, 1994).

Tilson, R. L., and U. S. Seal, eds, *Tigers of the World* (Noyes, Minneapolis, 1987).

Toynbee, J.M.C., *Animals in Roman Art and Life* (London, 1973).

Turner, Alan and Mauricio Anton, *The Big Cats and Their Fossil Relatives* (New York, 1997).

Waley, Arthur, trans., *The Book of Songs* (London, 1937).

White, Bishop W. C., *Tombs of Old Lo-Yang* (Shanghai, 1934).

——, *Tomb Tile Pictures of Ancient China* (Toronto, 1939).

Williams, C.A.S., *Outline of Chinese Symbolism and Art Motives* (Shanghai, 1941).

Wilson, E. O., *Biophilia* (Cambridge, MA, and London, 2003).

Yetts, W. P., ed., *The Cull Chinese Bronzes* (London, 1939).

Zi, Ying, and Weng Yi, *Shaolin Kung Fu* (Hong Kong, 1981).

Animal Series

BEE

Claire Preston

大 英 经 典 博 物 学

一只蜜蜂，
不算蜜蜂

［英］克莱尔·普雷斯顿 著

冉浩 王红斌 译

中信出版集团｜北京

图书在版编目（CIP）数据

一只蜜蜂，不算蜜蜂 /（英）克莱尔·普雷斯顿著；
冉浩，王红斌译 . -- 北京：中信出版社，2020.5
（大英经典博物学）
书名原文：Bee
ISBN 978-7-5217-1411-1

Ⅰ.①—… Ⅱ.①克…②冉…③王… Ⅲ.①蜜蜂—
普及读物 Ⅳ.① Q969.557.7-49

中国版本图书馆 CIP 数据核字 (2020) 第 016756 号

一只蜜蜂，不算蜜蜂

著　　者：[英] 克莱尔·普雷斯顿
译　　者：冉浩　王红斌
出版发行：中信出版集团股份有限公司
　　　　　（北京市朝阳区惠新东街甲 4 号富盛大厦 2 座　邮编　100029）
承 印 者：河北彩和坊印刷有限公司

开　　本：880mm×1230mm　1/32　　　印　　张：6.75　　　字　　数：140 千字
版　　次：2020 年 5 月第 1 版　　　　印　　次：2020 年 5 月第 1 次印刷
京权图字：01-2019-2513　　　　　　广告经营许可证：京朝工商广字第 8087 号
书　　号：ISBN 978-7-5217-1411-1
定　　价：168.00 元（套装 5 册）

目 录

第一章

选择蜜蜂的理由

据我所知，蜜蜂存在的唯一理由就是酿蜜……
而酿蜜的唯一理由就是我可以吃。[1]

　　谚语说："一只蜜蜂，不算蜜蜂。"（*una apis, nulla apis.*）
这样看来，这本书的名字有些不合适。[1] 这种号称"政治性"
昆虫的进化奇迹就是成千上万只蜂在一起的奇迹。它们拥有
非凡的社会学和生物学的组织，拥有杰出而又独特的生产和
工程技能。从古代一直到近代，蜂的社会知觉似乎就是一种
道德知觉。正如托马斯·霍布斯所说，道德生活的本质就在于
全民性，蜂的生活便是如此。

　　我们这个星球有众多的蜜蜂，大约 20 000 种，它们大部
分都离不开植物。不过，养蜂的历史主要涉及其中的一种——
欧洲蜜蜂（*Apis mellifera*）[2]。蜜蜂是唯一能凭借它们的技艺，
以身体以外的物质为原料来创造东西的动物。把蜜蜂与蚕、牛
做个比较，你会发现后两者是依靠它们的身体自然地生产一些
可以被人类转化为织物或食物的物质。对于那些我们捕猎或饲
养的动物来说，肉或皮毛是它们身体不可或缺的部分。没有这
些，它们无法生存。这些动物自己也不能用肉或皮毛来制作产
品。然而蜜蜂的主要产品——蜂蜜，则完全是它们自己凭借高
超的技艺，从收集到的原材料中制取出来的。

1 本书标题 Be⋯
单数形式，故⋯
说。——译者注）
同，不再标注）
2 也叫欧洲黑⋯
它的亚种意大⋯
蜂（*Apis melli⋯*
ligustica）是⋯
我国养殖的主⋯
种。我国另一种⋯
蜜蜂是本土的中⋯
蜂（*Apis cerana*⋯

与蚕丝和牛奶不同，蜂蜜是一种行为的产品，是蜜蜂技艺文明的成果。在某种程度上，蜂蜜更像马和狗在执行任务过程中所提供的服务，而不像牛和蚕依靠身体提供的奶酪、香肠和布匹。蚂蚁和白蚁是另外两类社会性昆虫，同样表现出高度的组织性和专门化，但是只有蜜蜂的典范行为创造出了对人类有巨大价值和用途的产品。蜜蜂算得上最早被驯养的动物之一。但严格意义上说，它们从来就没有被驯化过，这好像就是为了保持对自己产品的垄断。尽管蜜蜂有一些与人类交往方面的礼仪，但它们基本上还是野生的。

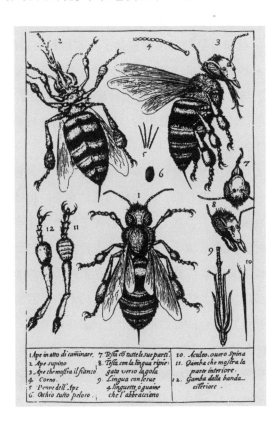

利用显微镜对
行解剖的研
之一，见弗朗
科·斯泰卢蒂
ersio tradotto
30）。

蜜蜂与人类的关系贯穿整个人类历史。从物种角度来说，蜜蜂比养蜂人要古老得多。它们早在人类进化出任何社会组织形式之前，就在运行着让人叹为观止的文明行为。当人类变成了社会性的动物之后，他们先是学会了抢劫野蜂，后来是在蜂箱中杀蜂取蜜，最后是礼貌地盗窃，似乎蜜蜂存在的意义就是为了教会人类理性的利己主义，以及如何表现得公平与合理。

由于蜜蜂与人类交往的历史非常漫长，所以人类对蜜蜂的观察、歌颂比其他动物都要多，它们也被更多地写进故事和神话中，人类对它们的恐惧也是其他动物无法相比的。最早的象形记载和最早的文字都包括了与蜜蜂打交道的内容。从最早的希腊诗歌到最新的好莱坞惊悚片，蜜蜂都象征着人类与自然、与自己的关系。蜜蜂的神秘和神奇吸引了17世纪的科学家们使用最早、最原始的显微镜对它们进行描述和绘画。这种待遇也同样早于其他动物。

蜜蜂无处不在。尽管它们存在的地域很广，但它们所占据的文化领地仍相当有限。大多数与蜜蜂有关的神话和象征意义都出现和发展于受犹太、古希腊和基督教文化影响的西方。此中的原因非常简单：包含诸多亚种的欧洲蜜蜂非常高产，并且性情又很适合驯养。同样存在蜜蜂传统的非西方文化（南非和印度次大陆）中，更多涉及的则是寻找野蜂。与能驯养并持续地观察蜂群的地区相比，那些地方所产生的关于蜜蜂的社会和文化的版本要相对简单。

欧洲蜜蜂最早出现在亚洲南部（极有可能是在阿富汗境内或其周围地区）。但让人意外的是，远东地区没有多少值得

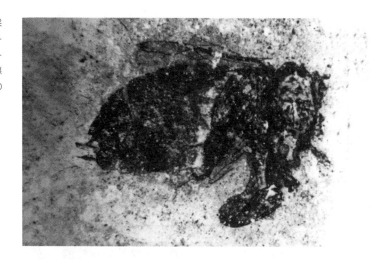

考察的蜜蜂文化。这可能是因为在西方和北方，人们非常喜欢甜食，而在许多亚洲文化中，人们对蜂蜜的需求很少。虽然欧洲蜜蜂在 16 世纪 30 年代被引入南美，但中美洲的玛雅人早就驯养了无刺蜂（属于蜜蜂科无刺蜂亚科），并把它融入了神话和记录之中。北美本土没有与蜜蜂相关的传说，这是因为直到 1621 年它们才被荷兰人引进到弗吉尼亚，并被美洲原住民称为"英国人的苍蝇"。因此，本书专注于欧洲的地中海地区，并非有意排斥非西方的文化，或粗心地将它们遗漏，实在是蜜蜂确实繁荣于此地，希望不要引起误会。

　　蜜蜂丰富的历史中出现了一些有趣的矛盾。蜜蜂的"无私"贯穿于众多古代和近代与蜜蜂有关的神话之中：蜜蜂不停地为了公众的利益而忙碌，却只获得了一朵鲜花的回馈，这正是文明的精髓。蜜蜂是大自然中的工作狂。然而到了后工业化时代，这种以群体行为形式存在的"无私"品质却造成了社会恐慌，人们担心这种没有头脑、疯狂暴力的巴克斯群体，会毫无理性和征兆地袭击没有任何抵抗能力的个人。蜜蜂自己当然只是受大自然的驱使，除了拥有与其他动物一样的本能以外，根本谈不上慷慨或无私。这却被解读为对难以捉摸的上层权力的机械顺从。正因为如此，蜜蜂一直是社会讽刺作家和政治辩论家钟爱的对象。确实，动物权力的维护者把养蜂看作对工蜂劳动的压榨，是奴役的一种形式。[2] 本书将追寻这些矛盾观念的历史踪迹。这些观念展现了对群体的恐惧和对集体美德的信任之间形成的对抗，也反映了集体意志对个人及自我构成的威胁。

另一个相关的矛盾是：一方面，蜜蜂是公众性的，是一个复杂的、高度进化的等级制集体的一分子；另一方面，它们也表现出私密、谦逊、神秘、隐居、去个性化、淡泊名利、甘愿成为卓越的自然机器里平凡的螺丝钉的品质。因此，蜜蜂兼有公众和私人的美德：它们既代表着符合外界标准的社交生活，也代表着一个古老而诱人的常规——从公共生活中隐退。霍布斯的名言在评价有关蜜蜂的观念时一语中的，他说共同利益和个体利益没有分歧[3]；他还谈到，隐退的个人在国家的公共生活中仍发挥着公民的作用。此种观念也在他的推崇中诱导出了一种略有不同的退隐生活。夏洛克·福尔摩斯放弃侦探生活之后，便去了乡下。在那里，他从容地创作了一部杰作——《养蜂实用手册，兼论隔离蜂王的研究》[4]。乔治·麦肯齐盛赞了1660年之后英国复辟时期沉思中的隐居生活。他将隐士菲利斯克斯称为"伟大的哲学家，足足50年……都致力于观察蜜蜂"[5]，这种社会化程度最高的动物。

在亨利·梭罗看来，美国马萨诸塞州康科德附近的那些懂得养蜂的乡下人获得了一种自然智慧："我最爱那些来自科学家以外的知识，那里充满了人性。"[6]库柏笔下孤独的美国拓荒者同时也是寻蜜人，他们在蜜蜂的生活中找到了令人愉悦的公民道德："当我孤独时，我经常想起那些东西，那些存在于荒野中的东西，然后我的思想便活跃起来。"[7]对以上所述的每个人来说，公众美德和公众行为都在退隐之中，在蜜蜂的陪伴之中，获得了最佳思索。

把蜜蜂看作工匠，把蜂蜜看成美德本身这一传统既体现在民俗中，又体现在神学中。在讨论自然界的某些象征时，克洛德·列维-斯特劳斯就把蜜蜂和蜂蜜置于自然和文明的过渡区：野生的蜂依然具有文明的特征，生的食物——那些自然的、原始的、未受驯化的食物——通过烹饪转化为可食用的、家庭化的东西。在这个类比中，蜜蜂就是厨师，它们寻找纯粹的花蜜，并通过化学和热力学过程把它们转化为蜂蜜。但列维-斯特劳斯感兴趣的那些南美部落的文明程度，未必已经发展到足以明白蜂蜜的产生过程并对应于这个类比的程度（对一些南美部落来说，从树洞中发现的蜂蜜属于蔬菜）。[8]

不过，有趣的是，在瓦拉奥、巴拉那、瓜拉尼和杜比的创世神话中，蜜蜂都扮演着重要角色：与希腊神话如出一辙的是，它们喂养神的婴儿；与基督教寓言和世界其他地方创世神话类似的是，它们都与神明有关（胡蜂则是扮演着欺诈者的角色）。事实上，维尼熊的第一次奇遇便是尝试乘着蓝色气球去盗蜂蜜，对于"百亩森林"来说，这倒也算是创世神话。毋庸讳言，蜜蜂比熊要聪明多了，可不会上当。

在西方的传统中，蜂蜜代表着口才、不朽和绝对愉悦。

婴儿期的柏拉图被父母留在伊米托斯山的山坡上，蜜蜂把蜜置于他的口中。从此以后，话语便如泉水般从他的唇间涌出。据说诗人品达也在入睡时被喂以蜂蜜。[9]索福克勒斯、色诺芬、弗吉尔、卢肯和圣巴西尔也都有类似的故事。[10]米兰的圣·安波罗修（340—397）和克莱尔沃的圣伯纳德（1090—1153）因为口才卓著，被誉为口中流蜜的教会权威。对安波罗修的描述中经常有蜂巢出现，而伯纳德的出场经常有蜂群相伴。这两个圣徒都是养蜂人、蜜蜂、制蜡人、熔蜡人和提炼人的守护神。

有时，人们也把圣瓦伦丁和爱尔兰的圣蒙多那克（一位养蜂人）与养蜂人联系起来。德谟克里特要求死后被葬于蜂蜜之中，这或许是因为，作为第一个实践解剖学家，他知道蜂蜜是保存有机组织的绝好材料（当然，他并不知道其中的原因：蜂蜜的高渗透性使它能吸走细胞体内的水分，并且其中的抗菌酶能防止腐败和感染的发生）。赫尔曼·麦尔维尔用蜂蜜给予捕鲸人最高的评价：相比"装殓、盛棺、埋葬"在优美而芬芳的鲸脑里——

> 这只能立刻让人想到另一个更为甜美的结局——想到一个俄亥俄的采蜂蜜人奇妙死亡的故事。这个采蜂蜜人，在一棵中空的大树桠里采蜜的时候，因为发觉里面蜂蜜不少，上身伸得太过，竟让蜜把他汲了进去，因而满身香气地死了。那么，想想吧，同样掉进了柏拉图那如蜜如胶的脑袋里而美满地死去的有多少人呀？[11]

（图）被誉为口中流
的教会权威圣·安
罗修是养蜂人的守
神。

图）圣·安波罗
形象的柳条蜂箱。

以下这则标题为"柏拉图"的 17 世纪短诗把动听与不朽
联系在了一起：

> 那些蜂，用你的吻，为巢穴汲取甘甜，蜜露因
> 你的工作而聚集、生存。[12]

生态系统的健康与否可以在一定程度上通过蜜蜂的健康
状况来判断。这倒能充分解释为什么在大部分末世学的天堂
和承诺之地中，都储藏着大量的蜂蜜。在《古兰经》的天堂
中有一条蜂蜜之河 [13]；在犹太人的传统中，圣城耶路撒冷被
蜂蜜之泉围绕着；来到马萨诸塞殖民地的清教徒定居者复活
了《圣经》中对牛奶和蜂蜜的承诺，这甚至早于蜜蜂来到新
大陆。

但是，这些把蜜蜂同雄辩、退隐、哲学、愉悦的死亡和奴役联系起来的做法远非此生物本身。如果没有嗜劳而死这种快乐的话，那么蜜蜂根本就不会为任何快乐而分心。就像一部新小说的某个人物所说的那样："即使你想，你也不能阻止蜜蜂工作。"[14] 它们既非多愁善感，也非富于浪漫；它们虽能激发哲学家的思考，但它们本身并不懂得哲学；它们也不会从社会中退隐，投身于充满沉思的独居生活。一只蜜蜂，不算蜜蜂，所以几乎所有关于个人和自主的西方思想，都无法在对蜜蜂的研究中找到立足之地。一只蜂确实不算蜂，"但是，当一群蜂团结在一起时，它们就变得非常有利可图、舒适安逸、如此可怕——有利可图是对其主人而言，舒适安逸是对其本身而言，如此可怕则是对其敌人而言"[15]。

蜜蜂总是群体的、复数的、公众的、非个体的、共同的、全体的。一个 18 世纪晚期的倾慕者写道："名声从来不是它们的出发点；主导它们热情的永远是公共幸福。"[16] 它们整个机体的进化——无论是身体构造、内分泌系统还是行为方式——只有一个目的，在蜂巢这个高效的自然工厂中，充当可置换的一个零件。莫里斯·梅特林克指出："蜜蜂首先是一个集体生物，如果把它与同伴分离，那么无论食物有多么丰沛，温度有多么舒适，它都会在几天后死去。当然不是死于饥饿和寒冷，而是死于孤单、寂寞。"[17]

关于蜜蜂，我们所钦佩和恐惧的就是这种匿名性。两种拥有同样威力的冲动——个性和社会性——本质上是相冲突的。不过，看起来蜜蜂为完全的社会融合提供了一个令人满意的样本。然而，观察蜜蜂给我们提供了独处、个性和退隐的时机。蜜蜂在执行任务的过程中心无旁骛，凡见此情景者，无不钦佩它们的一心一意，也都会立刻明白它们为什么能如此深深打动哲学家、作家和艺术家。这些微小的生物拥有宏阔的心灵，它们对事业非常坚定，就是说效力于看起来完全有益的目标。

蜜蜂能携带相当于自身体重的花蜜和花粉。如果用"工作到死"来评价的话，它们真是实至名归。它们每天要出行1 000次。几周之后，它们残破的翅膀便能显示它们的年龄，也能昭示迫在眉睫的殒命。如果再考虑到它们极易受环境严重影响的脆弱身躯，蜜蜂的劳作堪称极佳、极美。不过，那些没招惹过蜜蜂却被蜇伤的人，则会满心悲伤地放弃长久以来将蜜蜂人格化的愚蠢想法——认为蜜蜂很容易拥有与人类相一致的对于行为和意图的思考。

奥西普·曼德尔施塔姆笔下的蜜蜂就集中了其中的一些矛盾：

> 为了欢愉，请从我的手掌里取走
> 些许阳光、些许蜂蜜，
> 正如珀耳塞福涅的蜜蜂叮嘱我们。

> 无法解下未泊的舟船，
> 无法察觉朦胧的暗影，
> 无法在忙碌的生活中消弭恐惧。

> 留给我们的，只有那个吻——

痒痒的吻，恰似小小的蜜蜂，
飞离了蜂巢，慢慢逝去。

它们微弱的声音透过夜的丛林，
存活于时间、肺草和薄荷之上，
那泰格特斯山之子。

愿我这看上去简单、粗野的礼物
能使你感到欢愉——
这条不标致的、干瘪的蜜蜂项链，
它们在将蜂蜜转化为阳光的过程中死去。[18]

　　说到他的诗，曼德尔施塔姆借用了蜜蜂将阳光转化为蜂蜜、将蜂蜜转化为烛光这一过程。精疲力竭的蜜蜂所体现出的凄凉的执着也为这一过程进行了着色。它们消耗殆尽的身躯是"终有一死"这一残酷循环的提醒，蜂蜜便是这一循环的证据。曼德尔施塔姆笔下（蜜蜂确实经常出现在他的作品中）的蜜蜂保留着一些古老的象征意义：与希腊神话中一样，它们也非常聪明，与和土地有关的神有联系，尤其是得墨忒尔、珀耳塞福涅。它们能将一种物质转化为另一种物质（将妙不可言的阳光转化为黏稠的甜蜜，将蜂蜜转变回阳光）的能力让人们不由得想起中世纪时蜜蜂和基督之间的神圣联系。诗中最后一句有关复活的表述暗示了蜜蜂代表着灵魂返回天堂这一古老的信念。此诗体现出了诗歌创作的本质是把妙不可言的思想和经验向语言转化。如他的许多诗一样，此诗与诗人的灵感产生了共鸣，后者被诗人以神圣的手段转化为语言。他在另一首诗中提到"万物坠落并破裂，空气由于比喻而战栗"[19]。

这些不知疲倦的昆虫，它们几乎可以在任何地方筑巢、采蜜。它们不但征服了我们的物质世界，更占领了我们的文化阵地。我们反思自己的历史，就是与蜜蜂共鸣的过程。我们做出何种比喻完全取决于我们对这种生物的自然史的认知，这种认知如果经常误入歧途，那也是我们臆造的结果。

第二章

生物学的蜜蜂

蜜蜂就是要生活在中性的、无意识的自然之中。[1]

　　有关蜜蜂的令人惊奇的神话，那些与它们的社会角色，它们的忠诚、勇猛和智慧相关的故事，与它们的生物学意义比较起来就逊色多了。

　　蜜蜂属于膜翅目，细腰亚目是由 20 000 个物种构成的蜜蜂总科中的一员（胡蜂和蚂蚁是针尾亚目其他总科中的成员）。蜜蜂总科包括除白蚁之外的所有社会性和政治性昆虫。[1][2] 换句话说，它们包括所有那些群落由"工人"和其他有特殊能力的个体构成的昆虫。在这样的昆虫群落中，所有成员结合在一起，繁殖、收集或生产食物，并最终能成功地扩大领地。一些蜜蜂物种的这种群体行为，从某种程度上说也是使它们喜欢"家庭生活"的特征，是所有动物中最复杂的。

　　然而，与古代民间传说相反的是，大部分蜜蜂物种并非社会性的。那些为数不多的社会性的蜜蜂——属于蜜蜂亚科和无刺蜂科——是产蜜最多的种类，也是人类最感兴趣的。在蜜蜂亚科中，蜜蜂属（*Apis*）中的欧洲蜜蜂（*Apis mellifera*，字面义为"搬运蜜的蜂"，其实这不是一个合适的名字）是科学界里西方蜜蜂的代名词，它们分布在全世界，有些是本土的，有些是人工引进的。由林奈在 1758 年提出的这个名字其

1 事实上，蜜蜂、蚂蚁和白蚁并称三大社会性昆虫。蜜蜂属蜜蜂总科，蚂蚁属蚁总科，白蚁属蠊目。（近年来，由于分类学有了新发现，蚂蚁被归入膜翅目蜜蜂总科，白蚁由等翅目已经撤销而归入了蜚蠊目。——译者注）

实是误导的，因为蜜蜂并不会从花朵处搬运蜂蜜，而一定程度上可以说它们是在蜜囊中生产出蜂蜜，并将其储藏在蜂巢之中的。林奈意识到了这个错误，并试图把它重新命名为 *Apis mellifica*（产蜜的蜂）。但是，分类学后来有规定，最早的命名优先。所以，今天人们仍在使用旧名字。[3]

欧洲蜜蜂包括西部亚种和非洲亚种，以及深棕色的高加索亚种和卡尼鄂拉亚种，还包括浅黄色意大利亚种（据说因为它们性情温和、工作勤奋而最受养蜂人喜爱）。虽然原产于欧亚大陆，但是欧洲蜜蜂现在分布于全世界的温带地区，尤其在原本没有蜜蜂的新大陆和大洋洲繁荣昌盛。其他本土蜜蜂还包括欧洲蜜蜂的非洲种群、中华蜜蜂（*Apis cerana*）和大蜜蜂（*Apis dorsata*）。后三种蜜蜂，有的因为产蜜量低，有的因为难以驾驭，对温带地区养蜂业的适应性要差一些，而温带地区的养蜂业几乎是所有与蜜蜂有关的思想的源头。这是另一个原因，可以解释为什么本书非常明确地以欧洲为中心。

与所有昆虫一样，蜜蜂具有由膜连接的、六条腿的外骨骼。但是，与蜜蜂总科的大部分其他昆虫有区别的是，其他昆虫有光滑、闪光的硬壳，而蜜蜂则是毛茸茸的，全身长满能粘花粉的毛。工蜂和蜂王有螫针，能把毒液注入受害者体内。蜜蜂的螫针呈带有倒刺的锯齿状，不能从被攻击者的组织中轻易拔出。所以，蜜蜂只有把内脏都丢弃，才能飞离。这导致螫刺后的蜜蜂会马上死去。不过，蜜蜂能在刺穿其他蜜蜂等无肉的外骨骼之后活下来。另一些蜜蜂种类则能反复螫刺。

就比例而言，与其他昆虫比较起来，蜜蜂的脑大得出

菱形的形象反映了
蜜蜂复眼中的失真
现象。

奇（1毫米）。除了脑之外，它们还有腹神经节，蜜蜂的很多
肌动活动是由后者控制的。正因如此，掉了头的蜜蜂虽然失
去了执行由大脑控制的社会任务的能力，但它们依然能够飞
行、爬行和蜇刺。蜜蜂的复眼的大小和功能因在家族中的地
位不同而有所差异：雄蜂的最大，这是因为它们需要在婚飞
过程中锁定飞行中的蜂王，而大部分时间都在巢中产卵的蜂
王复眼最小。

　　蜜蜂能发出各种声音。例如，当蜂王准备从蜂室中出去
时，会发出类似笛子的声音；当保姆蜂产生的蜂乳超过幼虫
所能消耗的量时，它们能发出鸟儿般的啁啾声；当蜂巢壁受
到敲打时，工蜂会发出嘶嘶声。所有这些声音都是依靠胸部
的气门排出空气发出的。如果可以探测到的话，蜂巢中拍打
翅膀的频率是出色的警示系统，能预示即将发生的蜜蜂成群
飞离蜂巢的行为。一位战时的养蜂人，也是大英帝国的员佐

勋章获得者爱德华·法灵顿·伍兹（Edward Farrington Woods）发明了一种"蜂鸣测定器"，为养蜂人提供警报。不过，这种申请专利的装置并不畅销。[4]据目前所知，蜜蜂并没有听力结构。它们最多只能感觉到表面的震动和空气微粒产生的震动。这种发声方式的目的还不得而知。因此，各种历史极其悠久并且一直昌盛不衰的迷信中有关"以声招蜂"（通过击打金属器具来呼唤蜜蜂）的做法几乎肯定是没有意义的。

不过，即使蜜蜂没有听力，它们的两个触角上也拥有能感触和嗅闻的知觉器官。它能分辨花瓣的表面结构，能感知香味。最近的研究显示，它们具备一种能凭借嗅觉感知形状的能力。换句话说，对蜜蜂而言，形状是有气味的。它们感知电场的能力可以解释为什么它们在暴风雨之前会异常不安。像许多昆虫一样，蜜蜂也能感知地球的磁场，它们把这种能力用于导航，或许也用于建巢。然而，看起来重力在这些活动中发挥的作用不大：美国国家航空航天局在航天飞机上的实验表明，它们的繁殖能力和建巢能力并没有受到失重的影响。

胡蜂科中很多带有黄色、棕色和黑色条纹的成员，如马蜂和黄蜂常被人误认作蜜蜂。可是，胡蜂是食肉性的，它们不仅吃其他昆虫（包括蜜蜂），也吃腐肉和鱼。像蜜蜂一样，它们也收集花蜜，并钟爱甜食，如水果等，但它们并不酿蜜。胡蜂的巢穴和蜜蜂巢一样，也由用于养育幼虫的蜂室构成。但是，胡蜂的纸巢结构非常脆弱，像是由木浆和唾液做成的中国灯笼。这些巢每年秋天都会废弃不用，这是因为，除了几个能越冬的蜂王外，其他胡蜂都会死掉。胡蜂既能咬也能蜇，而且能反复进行。

通过敲击金属器具来招引蜜蜂，维吉尔《农事诗》中的插图。

和食肉的胡蜂不同，成年蜜蜂完全以花蜜、花粉和水为食物。为了收集这些东西，工蜂的喙已经变得特异化，比雄蜂和蜂王的都要长。蜜蜂在用喙收集花蜜的时候，会把花蜜送到消化道或者是蜜囊中，两者由一个阀门连接。收集到的花蜜极少会被采蜜的蜂直接食用，它们一般是以巢中已经酿得的蜜为食。不过，酿蜜的过程在蜜蜂的蜜囊中早就开始了，在蜜囊中，花蜜被加入蔗糖酶。蔗糖酶能将花蜜中的蔗糖转化为葡萄糖和果糖。这个转化过程会在蜂巢中继续。

富含蛋白质的花粉是年轻蜜蜂的食物，特别是对幼虫的发育而言无可替代。当蜜蜂在花丛中穿梭时，它们的绒毛在不经意间便能收集到花粉。但是有些熊蜂物种[1]的喙对某些花（如番茄和其他一些蔬菜与水果的花）来说非常短，它们就通过"振动授粉"的方式来增加收集花粉的能力。据一些研究者说，这些振动产生的中央 C 音能把花粉振落到它们的绒毛之上，带回巢中。蜜蜂还能通过身体转化其他含酶的食物——蜂王浆和蜂乳，并把它们喂给幼蜂。

蜜蜂高度社会化的组织形式已得到充分进化，保证能生产出充足的蜜，供成员数量已经减少的蜂群越冬。越冬的蜂群在第二年的春天会将蜂巢的工作恢复如初。大量的蜂蜜就需要相应的储藏和防卫系统。正是生产、储藏和保卫蜂蜜的任务促使蜜蜂进行了卓越的劳动分工。一个蜂巢中有一个成年蜂王和成千上万只与蜂王形态有所区别的工蜂，它们都是蜂王的后代。蜂王一直由一批工蜂照顾。它们负责蜂王的进食、清洁、纳凉和保暖，保证它能一心一意地投入它唯一的工作——产卵。蜂群中所有剩余的工作都是由雌性工蜂来完成的。

蜂总科中的一类有时也被译为大。

蜂王的仆从。比
威廉姆·科顿的
守的养蜂人写给
舍主的一封短
（1838）。

蜂王的仆从。
自威尔海姆·
的《嗡嗡叫，蜜
（1872）。

　　数量极少的雄蜂（不会产生效益，只会造成伤害的游手好闲者）是蜂群中仅有的雄性。[5] 它们也是蜂王的后代，但是它们唯一的功能是与蜂王交配。这项任务一旦完成（或者在大部分年份里，一个成功的蜂巢根本不需要它们的服务），它们就会被工蜂赶出蜂巢，活活饿死。每年秋天，几百只雄蜂被工蜂驱逐，这在动物界确实是最奇特的场面之一。工蜂们毫无怜悯之心：雄蜂不承担任何巢穴维护的工作，甚至都不能自己吃东西，所以决不能让它们过冬，浪费宝贵的资源。

最有天赋的是工蜂。它们是建筑工人、保育员、蜂蜜生产者、传授花粉者、警卫员、搬运工、寻蜜者，执行哪种任务与它们所处的发育阶段有关。换言之，所有工蜂在成熟过程中依次完成以上这些任务。最年轻的工蜂承担护理、清洁、建造和修理巢穴的工作。稍大些的工蜂负责酿蜜和警卫，最老的工蜂负责搜寻花粉和花蜜。虽然蜂王的寿命可以达到4～5年，但工蜂只能在夏天存活几周。那些在夏季末出生的，能够越冬，生存几个月。

鲁道夫·门泽尔在最近的一个神经学研究中指出，蜜蜂好像比我们通常认为的要懒得多。它们在本可以更辛苦地工作的时候给自己放假。不过这种看法是建立在一种不合情理的期望之上的，期望它们在夜晚工作，而不是睡觉。事实上，工作几周之后，蜜蜂便显出疲惫的样子。作家保罗·塞洛克斯是一位严肃的养蜂人，他曾为蜜蜂辩护："我曾见过它们舞蹈，我曾见过它们在蜂巢中无事而奔忙，我曾见过它们清洁蜂王，但我从没见过它们脱岗。"[6]

蜜蜂的三个等级是互相依存的：没有工蜂的服务，蜂王和幼蜂就不能存活；没有雄蜂，蜂王便无法繁殖工蜂；雄蜂无法照顾自己；工蜂无法繁殖，唯一例外的情况是当蜂王不存在的时候，产卵工蜂能繁殖出雄蜂（这对蜂群来说是灾难性的）。其他蜜蜂类群，如熊蜂，社会性要差一些。熊蜂的蜂王在形态上与工蜂相似，并且在繁殖出工蜂、建立劳动分工之前独自承担巢中的一切事务。蜜蜂生产并储藏超量的蜂蜜来维持虽已减少但数量依然庞大的蜂群越冬。熊蜂则不同，除少数未交配过的新生蜂王外，所有熊蜂在秋天时都会死掉。

每年春天，蜂群会完全从头再来。还有一些蜜蜂类是杂居的，两个或更多的蜂王共享一个巢穴。此外，还有类社会的、准社会的和独居的蜜蜂物种。

一个成功的典型蜂巢拥有约 40 000～100 000 只蜜蜂，它们都是同一个蜂王的后代。野生蜂群通常规模要小。在自然和野生状态中，蜂王只进行一次婚飞，是在它比较年轻的时候。（然而，商业化养殖的蜂王是人工授精的，根本不允许婚飞。）婚飞时，新孵化出的蜂王接替死去或分巢的前任蜂王，飞到空中散播性信息素。这会把自己巢中和附近蜂巢中所有的雄蜂都招来。每个能在飞行中追逐到蜂王的雄蜂都会和它交配，两者交合在一起，以至于脱离时雄蜂必须舍弃一部分内脏。蜂王在一次婚飞中就获得了可用一生的精子。它把这些精子储存在它的贮精囊中。因此，蜂巢中无论何时出生的蜜蜂，都是同母同父或者同母异父的。

回巢之后，在余下的日子里，蜂王在工蜂建造的蜂室中每天产下 1 000 枚受精卵。每天都有大约同等数量的成年蜂孵化出来。这些受精卵几乎都会发育成无繁殖能力的工蜂。几个幼虫会被当成蜂王来养育，以免发生现任蜂王不孕、死去或分巢离开的情况。那些极少的未受孕的卵会发育成具有生殖能力的雄蜂。所有这些都会以幼虫的形态孵化出来，随后被保姆蜂喂以从它们的腺体上分泌出来的蜂乳。作为候补蜂王养育的幼虫被安置在较大的蜂室中，食物是工蜂腺体分泌出的另一种东西——蜂王浆。所有的幼虫，无论是哪种类型的，都会在几天后被封在它们的蜂室内。在那里，它们结茧、化蛹。当完全演变为成年蜂的形态时（时间由蜂的等级类型

工蜂，出自布希 嗡嗡叫，蜜蜂》 2）。

决定，可能需要 2～3 周），它们会挣脱"蛹装"，从蜂室中爬出来。

　　工蜂的许多任务是由不同种类的酶的分泌来控制的。最年轻的工蜂从咽下腺分泌蜂乳，它们还分泌蜂王浆。大约 10 天后，酶的分泌活动停止，它们转向其他任务。稍大一些的蜜蜂会在腹板之间分泌蜡（在这个发展阶段，一只蜜蜂能生产相当于它们体重一半的蜡），用于建造和修理蜂巢。年龄最大的蜜蜂离开巢穴去觅食（最远能到 3～5 千米以外）。它们能产生转化酶，开始把收集到的花蜜和其他甜物质转化成蜂蜜。蜂王和所有工蜂在孵化之初便能产生毒液。当然，刚出世几天的蜜蜂身躯过于柔软，不能使用它们的蜇针。这些功能的高度专业化充分反映了蜂群中组织劳动的形式。

虽然这种劳动分工是受化学物质驱动的，但是个体之间时不时的交流也是非常必要的。辨认同伴、与蜂王交配、召唤觅食者回巢、攻击入侵者、分巢、激发对蜂王的护理行为等都是由信息素决定的。但是，蜜蜂的有些能力，例如它们能根据需要在蜂蜜富足的年份做出决定建造额外的蜂室，还无法得到解释。不过，人们已普遍认可蜜蜂能通过一种舞蹈语言分享关于花粉和花蜜位置的准确信息。[7] 这些舞蹈已经被详细研究过，它们似乎能传递有关食物来源的距离和方向的信息。那些分巢的蜜蜂（与蜂王一起到新的筑巢地点的蜜蜂）似乎也受舞蹈的指引。舞蹈者是外出侦察新的建巢地点，返回后进行通告的侦察蜂。

蜜蜂的三个等
工蜂、蜂王和
出自A.I.鲁特的
蜂文化的方方
（1908）。

蜜蜂的栖息地几乎涵盖了整个地球，唯一的例外是南极洲和北极冰川地区。蜜蜂也生活在海平面以下，有些熊蜂甚至生活在地下。还有些蜜蜂生活在喜马拉雅地区海拔3 500米的地方。不同种类的欧洲蜜蜂具有明显的行为差异。越向南方，它们的温顺程度越低，攻击性越强。地中海和北非的亚种比北欧和西欧的攻击性要强，撒哈拉沙漠以南的蜜蜂攻击性最强。所有蜜蜂都以蜇刺的方式来保卫蜂巢，但是非洲的蜜蜂防御机制则是倾巢出动，发起对捕食者的攻击，无论是人类还是蚂蚁、胡蜂、蛾子、老鼠、熊、猴子、鸟类和蜜獾。欧洲蜜蜂的非洲亚种之间存在着一些变异，但是其程度比不上在欧洲地区的。这是因为在末次冰期时，热带地区的隔离状态和蜜蜂的迁徙都相对较少。

第三章

人工养蜂

蜜蜂是神奇的生物，它们并非完全驯化，也非绝对野生，而是介于二者之间，但是，它们是可以被诱导的。它们的大部分行为是本能的结果。[1]

　　在印欧语系及以外的语言中，指代蜂蜜和蜂蜜酒的词汇都共有一个词根（*medhu*），这个事实表明蜂蜜在人类饮食中的悠久历史和极度重要性。由此，这些语言所占据的地区与旧大陆的温带地区，即西方蜜蜂及其近亲进化和昌盛的地区，几近重合就不是一种纯粹的巧合了。"蜂蜜酒"一词在荷兰语、威尔士语、捷克语、盎格鲁-撒克逊语、俄语、德语、某种斯堪的纳维亚语、爱尔兰语、印地语、梵语和希腊语中分别是 *mede*，*medd*，*med*，*medu*，*mjod*，*met*，*mjöd*，*miodh*，*madh*，*mádhu* 和 *methu*。"蜜（或花蜜）"一词的词根所跨越的语言范围更大，在赫梯语、匈牙利语、芬兰语、吐火罗语（斯基泰语）、日语、汉语、韩语中的汉字语、意大利语和拉丁语中，这个词根分别是 *milit*，*mez*，*mesi*，*mit*，*mitsu*，*mi*，*mil*，*miele* 和 *mel*。"蜜蜂"一词变化要多一些。雅利安语和日耳曼语中的词根 *bai* 和 *beo* 与希腊语中的词根 api 没有任何关系。这可能是因为古代的人都是蜜蜂的抢夺者而非养蜂人，他们更关心蜂蜜，对蜜蜂这种生物的关心止步于它们的蜇刺。

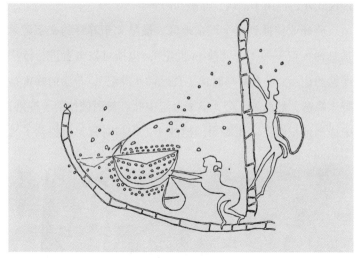

在西班牙巴伦西亚附近比科尔普和丰都峡谷山洞中石器时代的岩画中，就有 6 000 年前人们采集蜂蜜的情景。在世界的许多地区，人们获取蜂蜜的手段都是采集而非养殖。这种情况直到最近才有所改变。蜂蜜酒（或草药蜂蜜酒）是由发酵的蜂蜜酿制而成的，是已知最古老的酒精饮料。或许，对酒精和甜品的渴望促使人们在 4 500 年前开始利用人工蜂巢养殖蜜蜂。

养蜂业发源于地中海地区的近东地区。埃及人培育了欧洲蜜蜂的北非亚种。他们早在公元前 2500 年时就开始了非常复杂的养蜂业，还为他们的技艺留下了图片记录。截止到公元前 3 世纪时，这些记录已经包括根据每年河水的泛滥规律，将蜂巢转移到不同地区进行授粉。法老拉美西斯三世（公元前 1198—前 1167）用大量的蜂蜜祭祀尼罗河的河神。在下埃及，代表"蜜蜂"的象形文字是土地和统治者的标志。埃及人把蜂蜜用作食物、药品、尸体防腐和祭祀。蜂蜡除用于祭神仪式外，也用于治病、储藏和防腐。

养蜂业传播到整个近东地区。最早关于养蜂的文字记录是赫梯人留下的（公元前 14 世纪），包括对盗蜜者进行依法严惩的记录。[2] 在荷马时代（公元前 9 世纪），希腊的蜂蜜是野生蜂蜜。然而到了公元前 8 世纪中叶，赫西俄德的《神谱》中详细地记载了人工蜂巢，他的《工作与时日》也提到了雄

下埃及的蜜蜂标
来自卡纳克神
浅浮雕。

蜂的好逸恶劳。公元前7世纪和公元前6世纪的法律记录中包含有关养蜂的法律。阿里斯托芬（公元前5世纪）的戏剧里有一些人物是蜂蜜商人。亚里士多德（公元前4世纪）曾仔细观察过蜜蜂，他相信蜂蜜是从天堂落下来的。普林尼（公元1世纪）也曾讨论过它，他说蜂蜜是恒星的唾液，或者是空气中的某种果汁。[3] 即便希腊人不能正确理解蜜蜂们在干什么，但是，凭借着从东方邻居那里引进的知识，他们最终成了熟练的养蜂人。泰奥弗拉斯托斯（公元前4世纪）和尼坎德（公元前2世纪）几篇被提到过的著作失传了，但是这一传统被瓦尔罗、维吉尔、克路美拉等罗马作家延续下来。本书以后的篇幅中还要提及他们。

印度最古老的圣书《梨俱吠陀》（以起源于公元前3000—前2000年的口头传述为基础）经常提到蜜蜂、蜂蜜和寻找蜂蜜。然而，这个时期，在印度并没有发达的养蜂业的记载。在印度教威西努、因陀罗和克利须那神的宗教活动中有一项，就是从野蜂处采蜜。这些是从花蜜中诞生的神，有时以蜜蜂为化身。同样，在古代中国，鲜有与养蜂有关的记载。直到公元983年，才有李芳系统记载的寻找蜂蜜的方法，但并没有养蜂的记录。[4] 然而，17世纪的作家塞缪尔·珀切斯报道说在他的时代，中国"非常热衷于养蜂，也有很多蜂蜡，可以装载到船上，进而装载整个船队"[5]。毫无疑问，伴随着罗马帝国的扩张，复杂的养蜂技艺也传播到了西欧和北欧。但是，寻找蜂蜜和养蜂的技艺在后来被征服的各行省中早已出现。对蜜蜂的理解与蜂蜜酒的大规模酿造息息相关，而且这种理解也受到了罗马传统的影响。这种杂糅的观念一直延续到了启蒙运动。

蜜蜂被最近的评论员比喻为食草动物，是"小人国的牲畜，是长着翅膀的毛茸茸的食草动物"[6]。蜜蜂像牛一样食草。它们接受一定程度的人类干预，但并不以此为依靠。冬季，蜂群中留下来的蜜蜂挤成一个紧密的球，它们以这种方式保暖。每只蜜蜂都轮流地爬向中央，然后再返回边缘，就像是兽群应对暴风雪一样。但是，如果蜜蜂有兽群的一些本能的话，从严格意义上说，它们依然算不上"驯化的"动物。幸运的是，它们满足于为它们设计的人工蜂巢。它们与人类的关系定义为"共生"应该更好一些。在这样的关系中，物种从彼此的行为和能力中获益。养蜂人所做的不像是农耕，而更像是放牧。这或许就像英国的龙虾养殖业：人们努力使条件迎合基本上野生的物种，诱使它们表现出能让养殖者获利的行为。养蜂的目标是鼓励蜜蜂生产、储藏多余的越冬蜂蜜。这样，人们可以在不影响蜜蜂生存的情况下收获蜂蜜。因此，养蜂人关心如何营造良好的养蜂环境、如何改善产蜜的环境和怎样方便地收获蜂蜜。

印度教中的蜜蜂
号：莲花上的厥
努和湿婆。

所有西方蜜蜂的典型特征都是营建精巧的蜂巢，用以养育工蜂和储藏越冬的蜂蜜。一个蜂群会竭尽所能生产蜂蜜。当存储空间用尽之后（可能是因为整体的空间限制，也可能是因为蜜蜂建造新蜂室的能力不够快），或者蜂群的数量过于庞大时，现有蜂群中的很大一部分蜜蜂会在蜂王的带领之下从巢穴中出走，形成原发分蜂群，从头再来，重新建立另一个蜂巢。余下的蜜蜂将会把主要精力投放至孵化一个新的蜂王，养育新生力量来补齐离开的成员，它们会把收集花粉和生产蜂蜜的工作暂时搁置一旁。只有当蜂群再次人丁兴旺时，它们才会开始生产多余的蜂蜜。因此，分巢并不利于养蜂人，尤其是分离的蜂群不能限制在另一个蜂巢中的时候。此外，从收蜜者的角度来看，野外的蜂巢会以不方便的而且难以预测的方式扩展。这就需要采蜜者找到蜂巢的位置，颇费周折地把蜜取走，还要毁掉完好的蜂巢。

然而，以非破坏性的方式把蜜取走才符合蜜蜂的利益。（当然，它们并没有意识到从这个角度来说，它们与养蜂人是合作的。）养蜂人的目的是鼓励蜜蜂留在原巢或附近的地方，这样就能把蜜产在一个地方。这一目的可以通过给蜜蜂提供多余的繁殖和储存空间来实现（可以根据需要扩大蜂巢的空间）。这样一来，多余的蜂蜜可以在夏末和秋初时取走，为蜜蜂留下足够的蜂蜜应对冬天。如果发生分巢，养蜂人会尽力为出走的蜜蜂在附近提供一个可控的新蜂巢。对于那些在新蜂王带领下降落在树枝上的迷失的蜂群，有经验的养蜂人通常都能捉到它们，并给它们提供一个新的空巢，收获一窝新蜂。

个水平蜂巢，出
复活节宣报词。

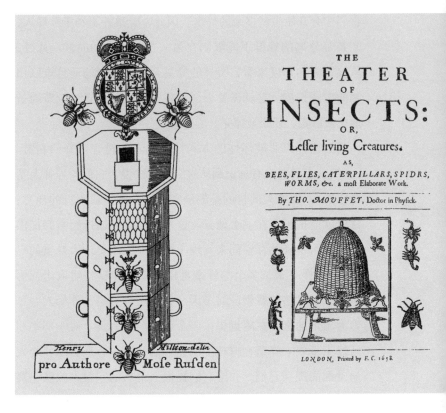

在现代之前，在中东、北非、南欧等地的干旱地区，蜂巢的制作材料有焙烧的泥土、陶器、砖、粪、软木、原木、柳条、云母和角等。蜂巢通常是水平的，巢框沿蜂巢的长边垂直排列。在欧洲北部的森林地区，野蜂通常在空树中筑巢。受此启发，该地区的人工蜂巢最早是在树木中挖洞制成的。阿尔卑斯山北部地区的现代竖立蜂巢就是由这种纵轴蜂巢演化而来。这些地区的蜂巢通常用原木、柳条和其他编制材料构成，被称为"篮子"。它们呈经典的倒置高脚杯的形状。养蜂人只需把篮子抬起来，把蜂巢割走即可。

（左图）竖立蜂出自摩西·鲁斯的《蜜蜂新发（1679）。

（右图）编织的蜂篮子。

在1500年之前，在割蜜的时候，必须要用烟把蜜蜂杀死。从经济角度考虑，保留蜂群才是上策。所以，后来出现了撤离式的获取方式：在技艺非常复杂的蜂巢中，收蜜时，蜜蜂只是被暂时撤出。不过，总体来看，杀死蜜蜂的做法一直延续到19世纪。文艺复兴及之后一段时间的养蜂指南主要还是谈论如何杀死蜜蜂。然而，非杀伤烟熏的技艺聪明地利用了蜜蜂的天性。人们通常认为烟可以使蜜蜂昏睡或被赶跑，有一位19世纪的作家倡导一种用马勃菌击晕蜜蜂，使其免受伤害的方法。[7] 但事实是，烟熏会让蜜蜂以为蜂巢着火了，它们因此会暴食蜂蜜（旅行必需品），为出逃做好准备。造成的结果是，当蜜囊满了之后，蜜蜂便无法有效操作螫针，人便获得了暂时的安全。现代养蜂人能趁机在烟中加入药品，用来对抗螨虫和其他寄生虫。

织的蜂箱，出自
廉·科顿的《我的
蜂手册》(1842)。

蜜蜂自身高度结构化的行为和社会结构使人类微小的干预和调整变得非常有效：很久以来，我们就已找到了一些方法，鼓励蜜蜂去改善它们的自然做法。所以，尽管在蜂蜜的生产和收获技术方面，尤其是蜂箱的结构，有了一些有效的改进，但千百年来，养蜂的基本方法没有太大的改动。17世纪英国层状框架蜂巢（这种结构使养蜂人能增加继箱和加层）提高了蜂蜜的产量。一个希腊式原始可移动巢框的发明完成了一项重要的革新：蜜蜂天生会将蜂巢附着在一些固定结构之上，养蜂人必须要从蜂巢内壁上把蜂巢割走才能收获蜂蜜，这样便破坏了蜂巢。希腊式蜂箱的可移动悬挂巢框（连接在水平的横条上）可以使收获蜂蜜时不用割掉蜂巢，这能促使蜜蜂在一个蜂箱内建立更大的蜂巢。英国的养蜂人利用这种希腊模式对北欧的竖直蜂巢进行改进。他们调整人工夹层的尺寸，适应不同种类的蜜蜂。尽管如此，蜜蜂倾向于用蜡和蜂胶（蜜蜂从花朵中收集来的黏性树脂，干燥后会变硬）给它们的蜂巢做防水，所以，即便是使用希腊式蜂箱，如何从蜂巢壁上取走蜂巢，且破坏程度最小一直是养蜂人所面临的难题。

1851年是养蜂史上的奇迹之年。在这一年，牧师洛伦佐·L.朗斯特罗思天才地设计出了一个新式蜂箱。新式蜂箱的巢壁和巢框之间留有"蜂路"（约35毫米）。据他多年观察，蜜蜂能接受这样的空隙，不会试图用蜂蜡和蜂胶把它堵住。这就诞生了现代蜂巢。布满蜂室的巢脾悬挂在凹槽中。当蜜蜂完成一个巢脾之后，可以像从柜中取文件一样轻松地把巢脾取走。养蜂人把它清空后再放回巢中。建成之后，这种双

图）希腊的上梁
首，出自乔治·惠
的《希腊之旅》
82）。

图）维克多复
峰巢，出自埃德
埃文斯的《养
（1864）。

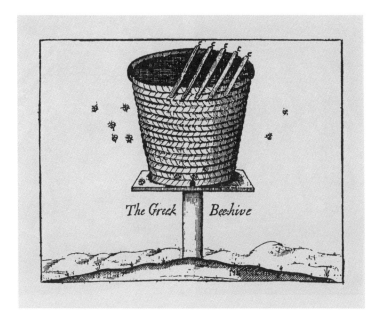

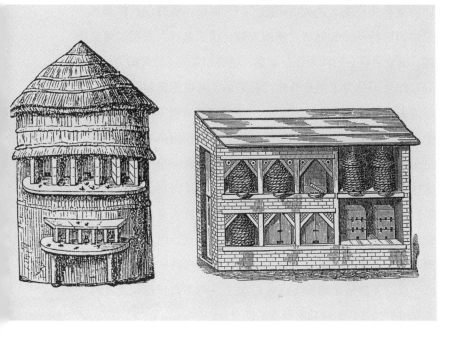

朗氏蜂箱。

面的巢脾几乎成了永久可用的了。可以说，所有现代蜂巢都是由朗斯特罗思的创新发展而来的。稍后又有人发明了蜡巢基，蜜蜂可在它的两面建造巢室，这更加节省了蜜蜂的力气。

　　如果不是为了制造蜂蜡产品的话，可以把密封在巢室上的盖去掉（轻轻地把顶部刮掉），现代养蜂人根本不用破坏整个巢室，也不用把它们从巢框上割下来。在用离心的方法清空巢室提取蜂蜜之后，养蜂人可以把它们置于户外，这会把蜜蜂吸引来，把残留的蜂蜜清理干净。当巢脾被重新放入蜂巢之后，蜜蜂只需要对它进行修补，无须从头再来。这可以使它们腾出更多时间生产蜂蜜，建造新蜂室，而且不浪费一滴蜂蜜。这些发明以及随后的改进促进了蜂群的健康（它们最严重的天敌是瓦螨和气管螨），更好的取蜜技术提高了养蜂人养殖更高效、更成功的蜂群的能力。

（右页图）蜜蜂产
蜂的艺术和科
出自德尼·狄德
和让·达朗贝尔
《百科全书》中
"乡村经济"。

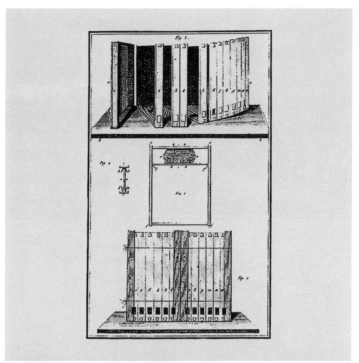

书页蜂箱，出自
朗索瓦·胡贝尔
《蜜蜂新观察》。

1914年的一张照
《有教育意义的
作》，出自美国国
童工管理局，照
上是约翰·斯帕
他12岁的儿子。

意大利王子费德里克·塞西和同是罗马山猫学会成员的弗朗西斯科·史特鲁蒂在 1625 年第一次用显微镜研究了蜜蜂，并进行了绘图。他们见到的情景让他们大吃一惊。16 世纪末高分辨率放大透镜的发明让观察者第一次看清了这种人类本以为早就熟悉的动物的解剖结构。托马斯·布朗在 17 世纪 50 年代写道："那些观察蜜蜂口器的人有可能见到自然界中最罕见的精巧作品之一。"[8] 马尔比基、塞西、史特鲁蒂、胡克、斯瓦默丹和列文虎克纠正了 2 000 年来的错误认识，最终证明蜂王是雌蜂，所有的卵都是它产下的；工蜂是雌性的，那些好吃懒做的是雄性；蜂蜡是工蜂生产的。

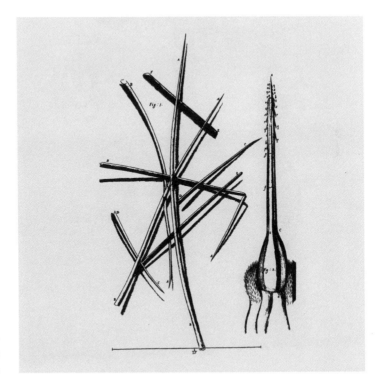

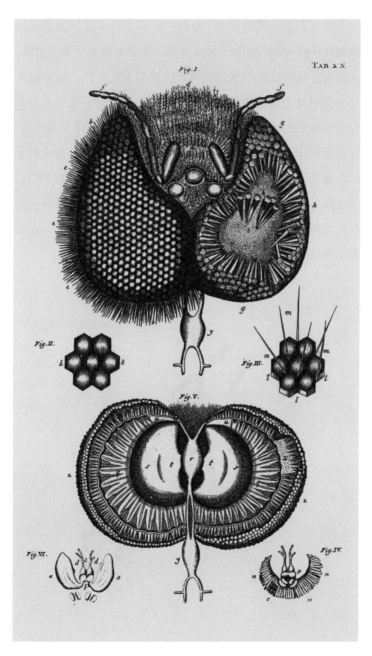

放大的蜜蜂复眼。
自让·斯瓦默丹
《自然圣经》(173
1738)。

即便如此，一个 17 世纪的极端实践主义养蜂家鲁斯登就此话题仍发表了一本非常权威的书，声称那些好吃懒做的蜜蜂并非雄性，它们与新蜜蜂的孕育毫无关系；他还说蜂王并非雌性；蜜蜂是无性繁殖，它们的繁殖方法就像是亚里士多德所说的，采集"动物物质（例如花粉）"，把它们与蜂王的精子以不同方式结合在一起，产生不同等级的蜜蜂。[9] 一直到大约 1 800 年，蜜蜂的生育、蜂蜡、花蜜、蜜露、花粉和蜂胶等与酿蜜有关的物质并没有被完全理解。一些诸如蜜蜂以露水为食物，它们从植物上收集蜂蜜，它们生产蜜露，它们从蜂蜜中出生等观念产生了丰富的民间传说和药典。18 世纪的研究者才最终证明花蜜和蜂胶是植物产生的，不是蜜蜂创造的，而蜜露则是由蚜虫产生的。

查理二世的《皇家养蜂人》中写道："蜜蜂是精致的化学家。"[10] 蜜蜂身上的化学确实很神奇。工蜂在花丛间搜寻花蜜、花粉和蜂胶。花蜜转化为蜂蜜的过程非常复杂。首先，花蜜进入蜜蜂的蜜囊中进行消化时会被加入酶，然后被反刍出来的花蜜在蜂巢中蒸发失水，这个过程会极大地降低花蜜中的天然高含水量，使它们变成超饱和蔗糖溶液。蜜蜂在扇动翅膀的过程中产生的身体热量可以让蜂巢的温度达到大约 35°C。这也是孵化蜜蜂幼虫所需的温度。在不同天气状况下，成年蜜蜂依靠扇动翅膀或用水冷却的方式来维持这个温度。它们储藏的财富是非常宝贵的：每酿 1 磅（0.45 千克）蜂蜜，蜜蜂都需要飞行 88 514 千米。但是，在丰收的年份，一个高产的蜂巢每天能生产 2 磅蜂蜜。尽管一只蜜蜂每天能往返花丛1 000 次，收集 1 茶匙花粉，但是它整个一生的工作成果只能积累 1/4 茶匙的蜂蜜。

大部分觅食蜂收集花蜜或其他甜味液体。但是，有些专门收集花粉。当然，所有蜜蜂在花丛间寻找花蜜的过程中，有意无意地都会用它们毛茸茸的外套采集到花粉。它们在飞行中用后腿上刷子一样的关节把绒毛上的花粉刷下来，用一点花蜜把它变成球，储藏在"花粉筐"（后腿上的坑）中，带回巢穴。一只满载花粉的蜜蜂看起来像是穿着肥大的橙黄色灯笼裤，或是配着鞍包，在蜂巢入口处很容易辨认出来。觅食蜂携带的蜂蜜和花粉被巢中的蜜蜂卸载下来，存放在蜂巢中，成为工蜂群、蜜蜂幼虫和新孵化蜜蜂的食物。

蜜蜂也非常喜欢蜜露（蚜虫和以植物为食的蚧壳虫分泌的像花蜜一样的物质），它们采集蜜露，做成蜂蜜。但是，如果条件允许，它们会收集任何具有甜味的液体。这就是为什么它们也会像胡蜂一样在冰棍儿、甜饮、水果上盘旋，它们还会不请自来地光临庭院和操场上有甜品的聚会。除了采集这些物质以外，它们还生产蜂蜡。蜂蜡从年轻蜜蜂腹部的腺体中分泌出来，用来建造蜂巢。蜂王产下的卵，孵出幼虫，后者是那些打劫巢穴的动物眼中良好的蛋白质来源，也是一些亚洲人餐桌上的美食。蜜蜂还产生蜂胶，这是从植物上收集来的树脂，它们在修补巢穴的时候被用作黏合剂。

直到 19 世纪中叶以前，科学家对于蜜蜂的研究并没有影响到养蜂业的实践行为。17 世纪中期时，威尔金斯在牛津大学瓦德汉学院的花园中建造了玻璃蜂巢，这也算得上是乏味、实用的养蜂工作中偶有的一个小插曲。但尽管如此，除了一些想要提高产量的经济刺激以外，养蜂业的传统基本没有什

么变化。威尔金斯用于观察的玻璃蜂巢的确算得上是一个奇观，甚至国王都来参观过。

日记作家、实用革新者约翰·伊夫林在 1654 年也进行了参观。但是，他似乎对于这个装置的美学价值更感兴趣，而不是在它的实用性上。"[威尔金斯] 向我展示了那个透明的蜂房。他把它建得就像一些城堡和宫殿一样，并逐个整理它们，以免在取蜜时伤及蜜蜂。"[11] 蜂巢上有标度盘、风向标、装饰雕像，就像花园中精致的装饰物（其实就是）。伊夫林从威尔金斯那儿得到了一个空蜂巢，并把它安置在伦敦东郊德特福德的赛斯花园中。

塞缪尔·佩皮斯来到这里，饶有兴趣地参观了它，并对伊夫林的宝贝大加赞赏："你可以怡然自得地看着这些蜜蜂酿蜜、建巢了。"[12] 养蜂的经历可能促成了他在《植物日历》（1669）中所表现出来的对养蜂的看法：在7月，帮助你的蜜蜂杀死雄蜂；在蜂巢前放一些蜂蜜啤酒，引走那些贪婪的胡蜂。[13] 当层状木蜂巢被引入取代传统编织蜂巢时，牛津大学的博物学家罗伯特·波尔蒂对这些改进进行了评论："在与有翅动物相关的艺术中，我从没见过有什么了不起的东西，唯一例外的就是这种新蜂箱。"[14]

自16世纪初，在欧洲的烹饪中，蜂蜜早就被糖取代了。这种放弃本地廉价的蜂蜜，偏要依赖昂贵的从西印度群岛、巴西、印度进口的蔗糖的做法让塞缪尔·哈特利布等17世纪的社会预言家很感兴趣。他们提倡提高北方蜂蜜和蜂蜡的生产效率，改善果园种植，以利于养蜂和水果、苹果酒（被视为国饮）的生产。蜜蜂和苹果酒能促进贸易的发展，利于国家的繁荣、健康和国民美德的培养。甚至一些精英作家如凯内尔姆·迪格比爵士和约翰·伊夫林都推出了他们自己的蜂蜜酒和其他蜂蜜饮料的配方，目的是尽力做到国家和个人的自给自足。

今天，英国年人均消费蜂蜜 0.66 磅（0.3 千克），美国是 1.1 磅（0.5 千克），而德国竟然达到了 9.5 磅（4.3 千克）[15]。与精制糖的摄入（在工业化的西方，目前人均消耗量是 30～40 千克）比较起来，现代养蜂人并没有能够生产出一种基本商品，廉价的蔗糖和甜菜糖供应着世界的大多数地区。在西方，蜂蜜不再是甜味剂的主要来源，反倒成了糖的替代品，且有一些被公认的健康优势。有些蜂蜜由纯手工制作，属于纯有机食品，且有各种口味，备受美食家青睐，甚至成了奢侈品。某些地区产的蜂蜜带有本地植物的风味和颜色，在市场上像果酒一样被标注出特定的风味、黏性和颜色。除宣扬地域性、特有性、纯天然和手工特色外，还特别宣扬风格。正因如此，诞生了一个对蜂蜜色度进行评级的准技术、正式的标准——卜方特标准（此颜色标准最初用于玻璃行业）。此标准从水白色、特白、白色到特淡琥珀色、淡琥珀色、琥珀色、深琥珀色。美国农业统计局对这些标准稍加改动，在对商业蜂蜜进行评级的年度报告中加以使用：

紫草（深色蜂蜜）

美国鹅掌楸（深红色蜂蜜，独特而柔和）

苜蓿（白色或者淡琥珀色）

荞麦（深色，辛辣，味道类似糖浆和麦乳精）

比马棉（颜色非常浅）

野莴苣（清澈，味道略微像茶叶）

石兰或熊莓（白色至淡琥珀色，味道浓烈，有
浆果味，受厨师欢迎）

雪果（如水般透明或白色，缓慢成颗粒状，易
于保存）

南瓜（味道强烈，琥珀色）

鼠尾草（充满光泽，有点儿像苜蓿蜜，花卉蜜）

紫树（有层次感，花卉蜜，有草的味道）

这种分类方式已经为"优质"和"超优质"蜂蜜开辟了
巨大的盈利市场。诗情画意的广告让人们有一种美好的感觉，
使用蜂蜜和相关产品便是在追求手工、天然和稀缺：

格美为您独家提供产自意大利伊尔弗泰德农场
的超优质蜂蜜。在慕吉罗附近如画的田野上，蜜蜂
正在采集花粉。这里有悠久的传承，是意大利最早
的禁猎区。

槐花蜂蜜……在佩科里诺干酪或戈贡佐拉干酪
上轻轻地涂上一层，简直妙不可言……

纯正迷迭香主料花卉蜜原产于葡萄牙阿连特茹
地区。这里的生态环境得到了极佳的保护，寥寥无
几的住户与自然、文化形成了最完美和谐的统一。

但是，正如艾米莉·狄金森曾傲慢地评价的那样，"蜂蜜的

血统也和蜜蜂没有关系"[16]。像多数广告一样,"定制"蜂蜜广告所缺乏的就是与蜜蜂酿蜜之间的事实相关性。它们酿蜜用的花粉并非来自慕吉罗(或任何地方),它们也不会受某一地区"悠久的传承""如画的田野"或那里的人口密度所左右。蜜蜂倒是乐于在大城市和建筑工地上工作。但是,以环保为幌子,并佐之以文化和自然共生的模糊概念是打造蜂蜜品牌的一贯做法。这一设计的目的是通过借用纯手工、异域魅力和餐厨必须配有戈贡佐拉干酪等概念让人感觉提升了生活品位。"格美蜂蜜"还销售与蜂蜜无关的松露、榛果和其他昂贵商品。美国蜂蜜也利用它们的排他性而牟利。富含果糖的紫树蜂蜜是由紫树花的花蜜制成的,被广泛认为是世界最好的蜂蜜之一。就像优质的葡萄酒需要特定的土壤一样,紫树蜂蜜的商业生产只能在佐治亚州萨凡纳附近的奥克洛科尼河的河岸生产。

美国的耕地面积广阔,一望无垠,经常种植单一作物。所以,大规模商业化养蜂更有可能以授粉服务为主要收入来源。人们根据庄稼的种类,利用可叠放在卡车或火车上的架子,将蜜蜂输送到需要大规模授粉的地区。加利福尼亚种植杏树的农民需要引进蜜蜂来完成季节性的服务,缅因州的蓝莓种植者也不例外,某些蜜蜂已经自然进化成了某些花的最佳授粉者。欧洲地块小而且分散,大规模的授粉服务一般并不常见。欧洲蜜蜂通常在玻璃和塑料(例如,在草莓上)之下工作,或是在普罗旺斯等开阔地带的杏树或其他果树上工作。它们有时还需要借助花粉附着器的帮忙。这些装置被安放在蜂巢入口处,经过的蜜蜂会沾上一些花粉,然后把花粉带到田中。

欧洲农民更倾向于为庄稼寻找专门的蜂类。例如，熊蜂是西红柿、茄子、马铃薯、辣椒、蓝莓、西瓜和蔓越莓等的最佳授粉者。它们比蜜蜂更适宜在温室和塑料大棚中工作，因为它们不像蜜蜂那样容易迷失方向，进而回不了家（可能是因为大多数熊蜂都生活在山洞中或地面以下，所以才拥有这项技能）。但是熊蜂个体数量少，而且数量在授粉期内会急剧下降，所以有时很难胜任授粉工作。

蜜蜂授粉的庄稼种类繁多（在美国就多达 95 种），但是其他蜂是授粉高手：切叶蜂能为苜蓿授粉；熊蜂在商业温室中种植的黄瓜和西红柿上忙碌着；果园石匠蜂是果树的授粉高手。然而，环绕在蜂蜜之上，并且让有机农民和"纯天然"追捧者趋之若鹜的"手工制作"的光环是被精心处理过的，绕过了人对授粉的担心：缅因州一家成功的公司——蜂在当下——就把它们一直南到佐治亚州的成功的商业授粉服务与反养殖的暗示巧妙地结合在了一起。[1] 在美国，大约有 259 万个人工蜂群，每个蜂群每年生产约 31.7 千克蜂蜜，其中很大一部分是商业性的。不过，养蜂也是一些人的爱好和小农场的做法。在这样的农场上，一般只有不到 10 个蜂群。

我们不再像早期那样依赖蜂蜜和蜂蜡了。所以，蜜蜂也不再像植物的繁殖、授粉和不同物种间共生等奥秘被揭示之前那样给人以效率和秩序的感觉。但是那些古老的观念一直潜伏在现代人的意识之中。对于那些整天都能见证繁荣的蜂巢的商业和个人养蜂者来说，蜜蜂所蕴含的古老的政治意义从来没有失去过。

嵌在建筑上的两合作社的蜜蜂徽

1 该公司的名字
Here Now是套用
著《活在当下》
Here Now）而来。
在当下》是一部
文化的经典，而
化（culture）
的另一个义项是
殖"，所以"反文
也可以理解为"
殖"，这正符合纯
然之意。

052

第四章

政治的蜜蜂

普天之下，可有优于蜂国之政府？[1]

关于不同等级蜜蜂的性别和蜜蜂的社会组织形式，众多古代政治和道德徽章提供了诸多猜测，其中有一些一直留存到今天。一枚著名的文艺复兴时的徽章（多人曾使用过，其中包括菲利普·西德尼爵士）上印着一群蜜蜂和座右铭"非为

"非为己。"出治·威瑟的《徽藏》(1634—16

己"（*Non nobis*）。这个座右铭是从"尔等蜜蜂亦如此，汝酿蜜，非为己"（*sic vos non vobis mellificatis apes*）转化而来的。蜜蜂"非为己"的利他主义不言而喻的推论便是"为他人"。蜜蜂王国被解读为一个一群志同道合者共同为之奋斗的联邦。其中的个体完全将自己泯灭在集体意志之中，每一只蜜蜂都为了所有蜜蜂的整体利益而奋斗。在蜜蜂王国：

> 没有个体试图聚集财富超越他人，
> 没有贪念以污染自身的内心，
> 以集体为最高的信仰，
> 何须再去寻找理想的邦国。[2]

人们认为蜜蜂的美德包括节俭、干净、执着的品位、驯服、温顺、高贵、慷慨、谦逊、勤劳、勇猛。[3] 它们共同的情感也是受赞扬的对象（一蜂病，众蜂哀）。[4] 把蜜蜂品格和政体定义得如此美妙的做法最早源于希腊诗人赫西俄德。他把蜜蜂当成是热爱农业劳动的典范。他谴责那些懒汉、懒女，把他们比喻成雄蜂。[5] 瓦尔罗说蜜蜂"憎恶"懒惰者，因此每年都会处决那些不会工作、只知道消耗宝贵蜂蜜的雄蜂。[6] 在约翰·盖伊的《寓言》中，一只高尚的蜜蜂对另一只奢侈腐化的蜜蜂愤怒地说道："我们这个国度要的是勤劳。"[7] "它们是如此厌恶懒惰以至于据说失去劳动能力的年老蜜蜂拒绝进食。"[8] 在讨论自杀时，蜜蜂被当成是合法毁灭自己的典范："根据大自然的法则，事物可能或必须要为了他人而抛弃自己，例如鹈鹕。另一个例子是蜜蜂……"[9]

罗马化的西班牙作家科路美拉在《农书》中专门用一大章来讨论养蜂。书中明显暗示出如果一个养蜂场充满富有德行的蜜蜂，那一定代表着这里的农民是节俭而又细心的。科路美拉认为在养蜂时，"绝对的诚实"是必要的美德，因为"蜜蜂会抗拒虚假的管理"。这种观念一直延续至今。在现代文化中，人们依然认为一个繁荣而秩序良好的蜂巢反映了养蜂人的美德，而且唯有有德之人才配养蜂。

维吉尔的蒿杉
出自《农事诗》
斯劳斯·霍拉配

　　关于有德蜜蜂最常被引用的名言和"非为己"的出处是
维吉尔的《农事诗》。这些诗歌描写的是罗马帝国时的农业。
《农事诗》的第四部分以欢乐的口吻提出了一些养蜂的具体建
议（他建议用蒿柳在小溪上架一些小桥，这样就方便蜜蜂饮
水），也谈到了蜜蜂的社会和政治生活。维吉尔笔下的蜜蜂非
常具有民主性。它们形成了一种不偏不倚的政治制度和法律
体系。目的就是为了能够向平民提供所需，保证整个国家的
未来，而不是满足某一个体的利益。维吉尔曾说道："一切都

是国家的，国家为所有个体提供所需。"[10] 虽然在他描写的蜜蜂国度里存在着蜂王（雄性），但它是被公选出来的，如果不称职，就可以被废掉。维吉尔笔下的蜜蜂具有一个高度进化的社会。在这个社会中，年轻和健壮的雄蜂充当士兵和工人；雌蜂抚养幼儿，保持巢穴干净；年老的蜜蜂留在家中向年轻蜜蜂传授知识。维吉尔所有与蜜蜂有关的奇思妙想中最有趣的是把蜜蜂想象成商业性生物。[11] 他把蜂巢想象成"忙碌的商店"，蜜蜂是"做交易的市民"这种商业蜜蜂的形象在文化生活中存在了很长时间，直到 1832 年仍被弗朗西丝·特罗洛普借用。他向读者谈到在俄亥俄州的辛辛那提，每只蜜蜂都在忙着追求"希布拉的蜂蜜"，说通俗一点就是"钱"。[12] 维吉尔描写的商业化的蜜蜂被亨利·大卫·梭罗想象成富裕、勤劳，而且有商业兴趣的美国公民：

去遥远的森林和草场的人能注意到蜜蜂在他正要收做标本的罕见野花上徘徊，但他很少想到这些蜂正和他一样，也是从村子或院子里出来的漫步者，收集蜂蜜后再返回蜂巢。这种经历让我有了更多感慨。它让我明白路旁的昆虫也都不是游手好闲者，它们有自己特殊的使命。并不是在这个世界里浑浑噩噩，而是此时此刻，每只昆虫都有自己的事情要做。如此看来，如果山坡上仍有一些花儿在绽放的话，那么森林和村子里的蜜蜂一定也知道。如果植物学家可以知道花儿什么时候开，什么时候谢，他便可以对蜜蜂施加影响。[13]

图）蜜蜂的利
出自A.I.鲁特的
蜂文化的方方
）。

图）1958年纽约
乔格的蜂巢百货
。

图）蜜蜂商业性
现，查尔斯·耶
西德尼·埃利斯
剧《邪恶目光》,
）年在圣约翰剧
新不伦瑞克省）
。

在接下来的 1 500 年中，维吉尔对蜜蜂的想象一直被重复、改编。普鲁塔克写道，图拉真皇帝曾研究过维吉尔的记述，"他可以从蜜蜂那里学习公民生活"[14]。尼禄的顾问塞涅卡把蜜蜂王国的政体（也可能是出于讽刺目的）等同于良性的君主政体，指示他的门徒卢西鲁斯去模仿蜜蜂的行为。[15]现代初期，人们对于政治和社会的焦虑使蜜蜂成了效率和认真管理的例子。所以，文艺复兴时的英国作家对蜜蜂能够严格从事劳动并能实践良好的管理充满了敬意，戈弗雷·古德曼曾写道："它们在执行法令、约束懒惰、安排劳动方面做的是多么出色呀。"[16]一个著名的文艺复兴时期的徽章印着蜜蜂在骑士头盔上筑巢的情景，旁边是座右铭"和平出于战争"（ex bello pax）。

16 世纪晚期，威廉·艾伦曾写道："许多动物在结成共同利益体时便可实现统治，如蚂蚁、蜜蜂。它们天性便是社会性的，并且确实群居在一起，因而保持了秩序和纪律，这也

"和平出于战争
自安德雷亚斯
尔恰托，《徽章
(1531)。

正是它们物种的生存所需要的。"[17] 莎士比亚在《亨利五世》的开头便引用维吉尔的典故。他借用蜜蜂的秩序和纪律来证明了新王的成就。他不仅在与法国的对抗中取得了进展，而且也巩固了自己的王权。这与他父亲统治时的混乱形成了鲜明的对比：

> 蜜蜂就是这样发挥它们的效能，这种昆虫，凭着自己天性中的规律把秩序的法则教给了万民之邦。它们有一个王，有各司其职的官员；有些像地方官，在国内惩戒过失；也有些像闯码头、走外洋去办货的商人；还有些像兵丁，用尾刺做武器，在那夏季的丝绒似的花蕊中间大肆劫掠，然后欢欣鼓舞，把战利品往回搬运——运到大王升座的宝帐中；那日理万机的蜂王，可正在视察那哼着歌儿的泥水匠把金黄的屋顶给盖上。一般安分的老百姓又正在把蜂蜜酿造；可怜那脚夫们，肩上扛着重担，硬是要把小门挤进；只听见冷冷的一声"哼！"——原来那瞪着眼儿的法官把那无所事事、哈欠连连的雄蜂发付给了脸色铁青的刽子手。[18]

蜜蜂代表着秩序，是"天性中的规律"的证据，是一个能促进和平的顺从的系统框架。但是，蜜蜂王国是君主制还是共和制？是母权制还是父权制？它的法律、程序和惩罚又是怎样的？蜜蜂能为混乱的人类管理提供出路吗？蜜蜂精巧的社会发展让人们对于它们的智力和道德力量产生了诸多幻想。托马斯·墨菲特是 16 世纪重要的博物学家。他对于维吉尔关于蜜蜂文明的描写颇以为然。他改进了维吉尔的寓言，描写了蜜蜂的战争、市政会议、立法和刑罚。墨菲特提到，蜜蜂的职责包括警卫、喂药、哀悼和发出信号。[19] 他笔下的蜜蜂当然是君主制下的臣民。它们会"怀着极大的悲伤"去哀悼死去的国王。当然，因为它们服从的是王权，而非暴政。所以，对于那些随心所欲施行统治的暴君，它们会毫不犹豫地处决掉。对于那些怠政的国王，它们会撕扯它的翅膀，直到其改邪归正。[20] 博物学家们早就注意到雄蜂会被处死。墨菲特把这种现象解释为消除对王权的威胁。和其他人一样，他发现他的蜜蜂特别谦虚，喜欢简单，不太富有音乐的激情，尤其是在性交时（当然是因为它们真正的繁殖行为——蜂王产下已经受精的卵——并没有被辨认出来）。托马斯·布朗曾记载它们为王者建立坟墓，还描写了它们隆重的葬礼。

英文的"蜜蜂"（bee）一词据说来源于荷兰语的"统治者"（ruler）或"国王"（king）。[21] 据称，蜂王比普通蜜蜂大一倍，"它的大腿直而健壮，它的步态傲慢，举止高贵，有王者风度，它的头顶有一个白点，像王冠一样"[22]。16、17 世纪的英国保皇派作家们把这些具有高度吸引力的道德、经济和政治美德融入了他们的宣传之中，鼓吹对神圣统治者的服从。关于蜂王的性别曾有很多争论：1586 年，确认蜂王是雌性。但是，在英国，直到 1609 年才由查尔斯·巴特勒把这一消息发布出来。[23] 他说，蜂巢是一个"雌性的王国"，在那里"雄性没有任何支配权"。这一事实为伊丽莎白女王当政提供了极好的自然先例。

斐迪南一世大公纪念碑（1608）上主导作用的蜂佛罗伦萨圣母广场。

但是，这些作家更多感兴趣的是蜜蜂的顺从，而非它们天然的利他主义。摩西·鲁斯登声称蜜蜂可以证明"君主制是天然建立的"，"那些聪明、勤劳和能带来利润的生物自动地选择了这种政府形式"[24]。对于他这样一个保皇派作家，有如此说法倒是意料之中的事。每年一次处死雄蜂和多余蜂王的行为再次证明蜜蜂不仅厌恶无政府主义，也同样厌恶多人政权。"上帝通过蜜蜂向人类展示了一种最自然、最绝对的政府组织形式——君主制。"[25]

的蜂王，出自
德·戴的《蜜蜂
会》（1641）。

除鲁斯登之外还有更多激进的新教徒作家和克伦威尔联邦理论家在蜜蜂身上找到了维吉尔所主张的合作意识、平等意识、互助意识以及王权天授（善良、美好、温柔、高贵）而非运气或遗传决定等意识，尽管这些理论家有自己的党派，并且团聚在某个大佬或领导周围。[26] 倡导礼貌的作家也把蜜蜂作为人类行为的范例，17 世纪的科学家尤其青睐这种榜样。对他们来说，大规模的培根式企业需要众多个体协调运作。即便如此，维吉尔所刻画的具备公民品质的蜜蜂形象也被修复和拓展。一个著名的博物学家罗伯特·胡克利用显微镜研究了蜜蜂的蜇针，并且猜测它们的蜇针证明"自然也不排斥报复"[27]。

作为政治性的生物，蜜蜂也是受嘲讽的对象。约翰·拉维特在他的蜜蜂养殖手册中提到了雄蜂的危险。他指出它们是"必要和有益的一部分，但前提条件是它们不能超过一定的比例（类似律师）。如果它们的数量变得过大（而且常常出现这样的情形），它们就会鲸吞资源，带来灾难性的结果（就像联邦中的律师一样）"[28]。在拉维特所描写的蜜蜂世界中，蜂王"拥有君主的权威，能够纠正怠惰者和不顺从者，能够鼓励辛苦劳作者，并授之以荣誉"[29]。

把蜜蜂作为政治典范的做法被那些把它作为徽章标志的领导者发扬光大。拿破仑把 16 世纪中期在希尔德里克一世（481）墓中发现的金蜜蜂定为帝国的徽章，因为法兰西共和国已经用蜂巢来作为象征，而且他想要与被他废黜的波旁王朝所使用的百合花饰（fleur de lys）有所区别。他想使他的徽章看起来更加令人尊敬，而且不给人以独裁的感觉。这种徽章可以让人隐约想起百合花饰，但又不是对后者的复制。

发现于5世纪中
墨洛温王朝君主
尔德里克一世墓
中的金蜜蜂。

拿破仑时帝国盾牌
挂毯上的蜜蜂。

　　一些古老的法国家庭早已在他们的家族徽章中以蜜蜂为主要元素，目的就是要传递效忠国王和人们的信息。圣女贞德的标志是一个蜂巢，以此来表现保卫王国的女性领导人。据说她的旗帜上还写着"少女用利剑保卫国家"（*Virgo regnum mucrone tuetur*）[30]。在 17 世纪主导罗马和梵蒂冈的巴尔贝里尼家族选择蜜蜂三角作为家族徽章。1623 年，巴尔贝里尼家族入主梵蒂冈，这促使山猫学会的实验哲学家们以三篇有关蜜蜂的科学论文加以庆祝：*Melissographia, Apes Dianiae* 和 *Apiarium*（1625）。*Melissographia* 一书的封面上用版画印着三只解剖画一样的蜜蜂，形状就是巴尔贝里尼家族的蜜蜂三角。

在我们这个时代，莱斯·穆瑞在一首关于澳大利亚共和制的诗歌《蜂群》（1977）中不无讽刺地提到了"天然君主制"的古老论点。他说在稳定的巢穴中的"英国蜜蜂"是可怜的君主制下忠贞不贰的臣民，它们簇拥在女王身旁，翅膀破碎，没头脑地反复重复着"有些吃蜂王浆，大部分不配。这无可厚非。工作至死吧。存在即是对的"。养蜂人被塑造成保皇派的样子，用烟罐来对付那些有反抗倾向、逃跑的蜂群，把它们捕捉回巢。[31]

与政治性蜜蜂传统共存的是更加家庭化、普遍化的蜜蜂传统。塞缪尔·哈特利布以惆怅的口吻写道："老少蜜蜂相安无事地生活在同一巢穴中，就像古时的家庭一般。"[32] 看起来他像是在针对现代青年的困境而发出感慨。能够纠正怠惰者和不顺从者，能够鼓励辛苦劳作者，并授之以荣誉。这些类似清教徒的蜜蜂不仅在性欲方面是压抑的（养蜂人在处理蜜蜂之前的 24 小时之内不能进行性生活）[33]，而且不能容忍人类的纨绔习气。喷洒香水、烫发、着红色衣服尤其让它们无法接受。[34] 蜜蜂对那些纯真、干净、整洁、着装朴素而又勤奋的人通常非常友好，它们通常蜇刺那些浑身臭汗、口有异味（尤其是带有腌鱼、洋葱和大蒜气味）[35]、呼吸沉重和醉醺醺的人[36]。

伊索寓言中有一个故事是这样的：一些雄蜂发现了一个充满蜂蜜的蜂巢，对里面的蜜蜂发起战争。战斗非常激烈，最后，一只聪明的胡蜂被招来裁决蜂蜜的所有权。胡蜂让每一方都重新酿造一些蜂蜜，哪一方的蜂蜜与争议中的蜂蜜口味最相似，就说明蜂蜜是哪一方的。蜜蜂很高兴地接受了这

个提议，但雄蜂断然拒绝。因此，胡蜂得出结论，既然它们
不能酿蜜，那么争议的蜂巢应该归蜜蜂所有。蜜蜂和公正者
经常相提并论。[37] 但是，尽管蜜蜂通常都是公正的，但它们
有时也会做过头。在另一则伊索寓言中，蜜蜂赠给宙斯一罐
蜂蜜。宙斯非常高兴，答应可以满足蜜蜂一个心愿。蜜蜂请
求它们的蜇针能够致抢夺蜂蜜者死亡。宙斯认为这种请求过
于无理，太过极端，所以他命令所有使用过蜇针的蜜蜂都会
死去。

　　道德寓言中的蜜蜂具有相当大的指导意义。忒俄克里托
斯（Theocritus）第一次讲述了丘比特与蜜蜂的遭遇（文艺复兴
时期徽章的常见主题）。丘比特可能是为了盗蜜，也可能只是
像往常一样经过蜜蜂的领地。罗伯特·赫里克重新讲述了这一
故事：

> 玫瑰丛中的丘比特，
>
> 被一只蜜蜂蜇伤，
>
> 他飞向母亲哭诉，
>
> 救命！救命！您的儿子快要死去。
>
> 为什么？美丽的女神连忙问着。
>
> 他哭着回应，
>
> 带翼的毒蛇咬伤了我，
>
> 村夫管它叫蜜蜂。
>
> 女神连同发梢都在微笑，
>
> 吻干他的泪水：
>
> 唉！她说道，别说笑！

如果这点儿痛都难以承受，

来，告诉我，

你的箭造成的伤害又该如何说！[38]

　　蜜蜂道德和政治意义势必会表现出一定的地域性。主教蜂箱样的法冠让 16 世纪的新教徒辩论家们获得了灵感，他们把维吉尔口中秩序良好的蜂巢变成了邪恶的"鬼怪天堂"，也就是罗马教廷。[39]但德莱顿口气轻松。他在 17 世纪末期翻译维吉尔的《农事诗》时，强调说普通蜜蜂可以撕扯独断专行的蜂王的翅膀，以此来促使其改变荒谬的念头。[40]约翰·戴在《蜜蜂的国会》（1697）中利用当时对于蜜蜂组织的理解创作了一篇反雅各宾派的演讲：一些像胡蜂一样的蜜蜂主张反抗、策划并谋杀君主，而有正常理智的蜜蜂则主张选出一位能真正以新教教义管理国家的国王。[41]

阿尔布雷特·丢
的《丘比特向维
斯 哭 诉》(151
水彩画。

　　艾萨克·瓦茨笔下繁忙的小蜜蜂"毫不浪费好时光"[42]。但是，在约翰·盖伊的讽刺寓言《堕落的蜜蜂》中，有一群奢侈、懒惰的蜜蜂放纵自己对财富和权力的欲望，在蜂巢中播下了腐败的种子。诚实的蜜蜂为数不多，它们挺身而出，向它们说明"以私利为目标，致公众于毁灭"[43]。诚实的蜜蜂被驱逐，但是它们预言正义终会回归。这部向乔纳森·斯威夫特致敬的寓言是对诚实、正直和合作的赞美词。

　　对蜜蜂社会的描写有可能会变得反射或者意义贫乏。例如，伯纳德·曼德维尔的《嗡嗡的蜂巢》(后来重写为《蜜蜂的寓言》)是对18世纪初英国的商业和政治发展的讽刺。但是，此书只是借用了蜜蜂是社会组织中见利忘义者的形象，并没有刻画蜜蜂具体的性格和行为。然而，在美国和法国革命中，蜜蜂的地位却是明确而又不同寻常的：美国人所推崇的蜜蜂的简朴美德在艾米莉·狄金森的诗中得以永生。即使以狄金森自己严厉的标准来看，这首诗都显得非常短：

分享要有节制，

一如蜜蜂，

视西西里的玫瑰为私产。[44]

维吉尔所确立的蜜蜂代表的公民美德和政治美德促使美国国会把蜂巢印在 1779 年发行的纸币上，而且这极有可能也是 10 年后法国共和党人的灵感来源。类似蜂巢似的建筑在美国也是盛极一时的时尚，如 19 世纪的国会大厦。在南卡罗来纳州有一个主题公园名叫"蜜蜂城"，有点儿像 20 世纪 30 年代的米高梅外景地，里面有一个蜂巢市政厅、一个蜂巢医院、一家名叫"嗡嗡理发"的蜂巢理发店（每个人都有整洁、修剪的权利）。蜜蜂城网站上"最后的晚餐""特蕾莎修女"等蜂蜡雕像把基督教正义的化身与蜜蜂的美德完美地结合在一起，同时又带来了经济利益。美国人对于蜜蜂的热爱是情理之中的事，毕竟，独立战争尽管有诸多伟大而美丽的托词，但最初的起因就是纳税方面的争议。

印有蜂巢图案
城共和国会面
45 美元的纸币。

鲁特《蜜蜂文化
方方面面》中的
盛顿首都蜂巢。

国大革命蜂巢。

皮埃尔－保罗·普
东《平等》中的蜜蜂
和蜂箱。

1850年的印刷品，
一个戴着雅各宾派
弗里吉亚式帽子的
女孩看到蜜蜂蜇了
一个好奇的男孩。

法国革命中关于蜜蜂的宣传更像维吉尔式的，也更加政治化。它的共和标志中就有蜂箱和六边形，暗指工人的团结和法国的大致轮廓。刻有"人权"的碑被放置在蜂箱旁边。或许正是因为这种传统才促使弗朗索瓦·密特朗把 20 世纪 70 年代的回忆录称作"蜜蜂和建筑师"[45]。阿瑟·墨菲在翻译万尼艾的作品《蜜蜂》（1790）时小心翼翼地向读者表达了歉意，因为他在公众全都在注意法国无政府主义者的雄心抱负时提出了那样一个乏味的话题。但是，接下来，他描述了新蜂王向革命者朋友咨询的场面，还写到觅食的林间野蜂"募集资金，提出共和计划，指出（破坏性的）暴力是民众的权利"。这本书与同年一本名为《毁掉法兰西共和国的必要性》的小册子一同发表。[46]

息·汉密尔顿·芬
为革命蜂巢。

法国人对蜂巢赋予的政治意义促使英国的时事评论员也开始谈论蜜蜂。1792 年，玛丽·阿尔科克在评论对路易十六的审判时说："在这个堕落的年代，昆虫也向人类学会了犯罪。"蜜蜂不再是秩序和法制的象征，它已经受到革命的影响。在她的寓言中，造反的蜜蜂坚决主张"人人平等"，强烈要求获得自由、权利和休息。[47]

　　在过去的两个世纪中，随着时代观念的变化，这些与蜜蜂有关的政治寓言也产生了变化。1895 年，无政府主义者发表的《自由歌词》中，蜜蜂受到祝贺，因为它们摆脱了主人、金钱、新闻界和财产的控制。[48]1933 年美国人查尔斯·沃特曼发表了《养蜂人杂记》，他在书中把铲除雄蜂的工蜂称为"革命的马克思主义者"：

> 　　安逸的阶级总会让贫困者嫉妒，摆阔会招致愤恨，最终会发展为屠杀。蜜蜂王国的王子们总难逃被屠杀的厄运。在温暖的天气里，它们能够沐浴阳光，分享物资。但是，冬季来临，物资不得不按嘴来配给时，那些不会劳作者就要成为牺牲品，嫉妒更会火上浇油。这时便会传来呼声——"打倒王子，处死王子，胜利果实属于劳动者。"[49]

（左图）俄盖尼德涅的法兰西第[?]共和国勋章，18[?]年。

（右图）一枚来自[?]内瓦的 1794 年[?]币，印有共和蜂[?]的图案和"勤[?]节俭"字样。

16 世纪，墨菲特分析了处死雄蜂的行为。从经济学角度看，资源匮乏导致了蜂巢中的造反。但是，从另一角度看，雄蜂被处死也是为了减少对蜂王的威胁。因为雄蜂有可能煽动群众叛乱。[50] 有关蜜蜂内战的描写就曾提到了俄国的事件。不过，这种口气因为书中的一些插图而有所缓和，插图中表现了雄蜂对蜂王的追求，大声唱着"你是我唯一的姑娘"。维吉尔或墨菲特从没有过类似的表述。[51]

　　罗伯特·格雷夫斯在 1951 年的一首诗中以不同的口吻提到了革命者形象的雄蜂：它们是自鸣得意的英国共产主义者，要打造一个伟大的蜂王统治所有的蜂巢。[52] 亨利·科尔 2004 年的一首诗《失去的蜜蜂》(*The Lost Bee*) 借用了古代把蜜蜂看作远去的灵魂的想法，描写了中东某个地区恐怖袭击后的场景：一只蜜蜂，那是"一个带血的穷人"，正在水槽中洗澡，旁边便是刚刚倒下的死尸。"如果每个人都有灵魂，那么这些灵魂早已逃脱或正在躁动之中。"[53] 蜜蜂的这种政治意义，似乎表现出了一种对启蒙运动及其后一段时期的不安。事实上，这种道德矛盾是一种长久以来就存在的传统，是与蜜蜂的生物特性和行为分不开的。

第 五 章

虔诚的一堕落的蜜蜂

诸生物（腐败中生者例外）皆本性好色。唯蜜
蜂例外。其繁殖非污秽之道。[1]

对于中世纪的基督教作家来说，蜜蜂的政治智慧和其他
道德品格是分不开的。蜜蜂是神圣和纯洁的化身，所以它们
是上帝带翼的仆人，是上帝因亚当的堕落而惩罚所有创造物
之前唯一一种从伊甸园逃出来的生物。蜜蜂与人类堕落之间
的联系出现很早，在欧洲和中东非常盛行。在古代赫梯神话
中，亚当和夏娃在逃离伊甸园时，就有蜜蜂陪伴。在匈牙利
神话中，蜜蜂最初是白色的，后来变成棕色的。当撒旦发现
它为上帝办差时，与它发生了战斗。它胸部和腹部的连接是
被撒旦的鞭子抽打出来的缝隙，身上的条纹是抽打出来的印
记（蜜蜂的一个主要对手是胡蜂，它们是魔鬼试图创造蜜蜂
时得到的产物）。一个类似的故事中说它的条纹是在它们逃离
伊甸园时被愤怒的天使抽打出来的。在《古兰经》中，蜜蜂
被真主（An-Nahl）要求去野外做巢，收集花蜜，酿蜜供人类
使用。"里面产生了多种颜色的饮料，其中一种便是治愈人类
的良方。"[2]

虽然在古典的黄金时代只有蜂蜜而没有蜜蜂，但威尔士
的传统中说蜜蜂最早是在天堂的[3]，因为人类的罪恶，它们才

离开了那里。上帝保佑着它们。做弥撒时，没有蜂蜡做的蜡烛，是不可想象的。在但丁的《天堂》中，天堂的玫瑰是由像蜜蜂一样的天使护卫的。华兹华斯在他的《春天颂》中回顾了这一传统。[4] 他写道：

> 嗡嗡叫的蜜蜂呀！
> 你不需要长刺，或许你不知，
> 怨恨的种子并没有播下；
> 摒弃暴力，所有的生物和平相见，
> 并且，傲慢不会和尊严混淆。[5]

蜜蜂被认为是纯真的：霍金斯猜想蜜蜂之间根本没有任何性别差异。"如果有，它们也都是少女或单身汉，因为它们没有婚姻，因为它们全都像天使一般圣洁地生活在一起。"[6] 古典作家还曾经创造了蜜蜂都是处子之身的说法。维吉尔就沿用亚里士多德的说法，他们认为蜜蜂的后代是从树叶或是花朵中得到的。[7] 蜜蜂是无性繁殖的这一说法，把它们与对处女的狂热联系在一起，蜜蜂经常被看作处女纯洁的象征。就像圣母马利亚以神恩的露滴为食一样，它们以天堂降下的露水为食[8]，蜜蜂进而成了上帝之子诞生的象征[9]。

蜜蜂、蜂蜜、蜂巢和蜂蜡与纯洁都有联系：与威尔士人的风俗类似，在基督教的传统中，蜂蜡制成的蜡烛发出的光是纯洁的，是罗马仪式中不可缺少的。这与牛脂做成的蜡烛发出的光是不同的，后者是被玷污的。蜂蜡代表着基督的纯洁肉身，烛芯代表着他的灵魂，火焰代表着主宰二者的神性。[10] 乌克兰的民间艺术品——彩蛋，是以蔬菜染料和蜂蜡来装饰的，据说它们的起源就是马利亚向彼拉多赠送的彩蛋，目的是为了祈求他放过自己的儿子。还有另一个传说，一个小贩的一篮子鸡蛋都变成了彩蛋，是因为他曾帮助基督扛十字架。

圣女，出自186
一个彩绘蜂箱。

蜂巢中发现了
马利亚，加利
人的手稿。

一直以来，与公民美德有关的蜜蜂和蜜蜂产品在基督教的思想体系中代表着自我牺牲和真理。上帝的话语有时会被比喻成口中的蜂蜜。圣歌劝告以色列人要按上帝的指示做事，以换取上帝的奖赏——岩石中流出的蜂蜜。[11] 在福音书中，蜜蜂和蜂蜜与存活于世是紧密相连的：基督吃了一片蜂巢，以此来向门徒证明他的肉体和灵魂都已经复活。[12]

　　13 世纪的一位法国多明我会的僧侣，康提姆普雷的托马斯，曾写了一本有关蜜蜂生活的书，目的是为了给基督教的神职人员提供榜样。书中，没有蜇针的蜂王即是和善的主教，雄蜂是隐修院修会的普通僧侣。[13] 他还把对基督教先贤教化的追求比作蜜蜂觅食的过程。一位 17 世纪的清教徒作家还把蜜蜂的忙忙碌碌与圣安息日严禁劳动的禁令进行了和解：

> 我们的眼睛……应该像蜜蜂采蜜（从许多花那里）一样落在多个物体之上，并把蜂蜜采集回巢。也就是获得甜美、神圣和富于营养的沉思，把上帝的光辉发扬光大。[14]

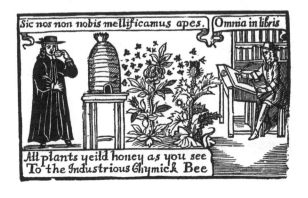

幅 17 世纪的木版
，蜜蜂和求学
相连。

中世纪的布道者理查德·罗尔指出，蜜蜂的三个特性代表着基督徒的三个美德：蜜蜂从不懒惰；在飞行时，它的腿间总是携带着泥丸；它的翅膀总是灵巧的。所以，聪明的人从来都不懒惰；从不会忘记自己的泥土本色；他们慷慨的本能永不褪色。[15]维多利亚时期的一位诗人依然在使用着这种构思。他说道："以蜜蜂之勤奋，填汝巢以知识，为诗歌之源泉……"[16]里尔克为中世纪的教士蜜蜂寻找一个世俗版本。他把诗人内化物质世界的过程看成是在世界上寻找可用资源，并将其变成妙不可言的诗歌素材以资后用的过程。他说："我们是不可见的蜜蜂，寻找可见的蜂蜜，融入未可见的黄金蜂巢之中。"[17]

许多教父，如安波罗修、奥古斯丁、杰罗姆、巴西尔、德尔图良等，把基督的生活比作蜜蜂：蜜蜂用口滋养后代，就像圣父滋养基督一样。[18]还有一些人把蜜蜂的纯洁看作宗教的退隐，把蜜蜂的飞行看作灵魂终归天堂的象征。这种传统是从毕达哥拉斯那里继承来的。他相信聪明和天才的灵魂会轮回到蜜蜂身上。根据广泛流传的欧洲民间传说，蜜蜂和鹰是唯一能够进入天堂的动物。[19]意大利的伊曼纽尔·泰绍罗（Emanuele Tesauro）援引维吉尔的说法，指出："据说蜜蜂因饮气流而分享了神的智慧，但是基督教的哲学家们对于承认这些非理性动物残存的理性时，表现得还是非常谨慎。"[20]根据克路美拉、瓦尔罗等古代作家的说法，死去的蜜蜂可以复活。办法是把它们的灰与葡萄酒混合在一起，然后在阳光下暴晒。这一传统一直到17世纪时还被珀切斯、墨菲特等人支持。[21]

确实，认为蜜蜂可以复活（或许还与蜜蜂起源于腐败物质这一传说混合在一起）这一观念或许是把蜜蜂与神性、不朽、纯洁、精神联系起来的整个神话传统的根源之一。后来的作家虽然已经放弃了蜜蜂是处子之身的说法，但是仍坚持认为蜜蜂是谦逊的。（它们为维纳斯服务时，总是秘密进行，人们完全没有看到，也无从知晓。）[22] 他们笔下的蜜蜂总让人能想起人兽和谐相处的往日时光。蜜蜂与贞洁、纯洁、修士的隐居有联系的观念的余韵，或许是促使 20 世纪时德文郡巴克法斯特修道院的僧侣们继续养蜂研究的原因。他们培育了著名的巴克法斯特蜂。这种蜂产蜜量高，抗疾病能力强，脾气温顺，现在已经在世界上广泛分布。

蜜蜂的精神力量并没有随宗教改革和英国隐修院修会的失败而消亡。以下这个奇特事件在 1609 年是作为事实被记录下来的。汉普郡的教区牧师和音乐学家查尔斯·巴特勒提到，一个上了年纪的乡下人发现她的蜜蜂染上了鼠疫。她的朋友建议在蜂巢里放一片圣餐面包。她照朋友的话做了。过了一段时间，当她打开蜂巢检查蜜蜂的健康状况时，她发现它们不仅恢复如初，而且还用蜂蜡建了一个小教堂，里面甚至有钟楼和大钟，十分完整。蜜蜂把圣餐面包放在祭坛上，正围绕着它和谐地歌唱。[23] 这个故事在 1899 年被罗伯特·霍克作为圣物寓言再次提起。他用这个寓言提醒人们"甚至伟大的圣人都不能看到蜜蜂的天赋"，上帝创造的最小、最卑微的生物也梦想着圣神的力量。[24] 在文艺复兴时的徽章书籍中，蜜蜂被描述成"无害的"（ sine iniuria ）、"积极而勤奋的"（ operosa et sedula ）、"绝对诚实"（ candor ingenuus ），代表着"万物皆有刺"（"既能娱乐又能实用者皆有刺"）。[25]

　　然而，人类对蜜蜂的暴行通常都有道德分量：人类"不道
德的事情"经常被拿来与那些为获取蜂蜜而烧死蜜蜂的残忍做
法相比较。[26] 按那些养蜂人一贯的标准来说，赶走蜜蜂算是上
善之举了。沃尔特·罗利爵士就用养蜂业中的破坏性做法刻画
过亨利八世是怎样无情地对待他手下的贵族和仆从的：为了收
获蜂蜜，他曾给予它们无数鲜花。收获结束时，他却在巢中将
它们付之一炬。[27] 因为它们"为集体工作，为集体放哨，为集
体战斗"[28]，它们所具备的经济和政治品德让针对它们的行为
变得尤其可耻[29]。所罗门说，作为正义的标志，具有公民道德
和培育良好的蜜蜂不会拒绝主人的管理，而是欣然接受。[30] 因
此，摩西·鲁斯登强烈谴责杀蜂取蜜的行为："将如此残忍的手
段施加于如此勤劳而又可怜的生物身上，这种做法简直无异于
用魔鬼般的方法，极大地伤害他最勤恳的仆人。"[31]

　　通常，人们用硫黄和其他能致死的烟雾杀死蜜蜂。1765

年，詹姆斯·鲍斯韦尔在科西嘉的一座修道院中看到圣方济各会的修女们在使用一种非致命的方式取蜜。修女们用的是刺柏。他非常满意地记述道："刺柏冒出的烟让蜜蜂都退开了……她们从不杀死任何一只蜜蜂。"[32]18世纪末期的日记作者安妮·休斯对于杀死蜜蜂的做法感到非常不安。她写道："杀死那些可怜的小东西真让我伤心。当人们取走蜂巢之后，只有它们成堆地垛在那里。但是，我们确实需要蜂蜜。"[33]19世纪活跃的英国养蜂人威廉·科顿第一次把蜜蜂引进到新西兰。他是"勿杀蜜蜂"运动的主要支持者之一。这项运动是19世纪30年代由托马斯·纳特发起的。科顿曾报告说：一个乡下养蜂人曾对他说，在烧死蜜蜂的晚上，那些蜜蜂的鬼魂总是出现在他眼前。他还曾提到有一位老妇人声称她从来不敢在烧死蜜蜂后的星期日去教堂。[34]作为补偿，她在后来的书中对这些生物做出了保证，"英国的蜜蜂都会从我这里获益的"[35]。这是因为乡下的养蜂人从她那里学到了如何保护蜜蜂。一个现代版的对蜜蜂的善意和文明之举是戴安娜·哈托格的《礼貌待蜂》，书中写了一位长着蜜蜂翅膀的女士，紧张地思考着能否在不伤害任何人的情况下飞起来。[36]

然而，并非所有作家都陶醉于蜜蜂的公民道德。塞缪尔·帕切斯指出蜜蜂最大的打劫者就是蜜蜂。他说，人们期望这些社会生物彼此关爱，和平相处，根本就是无稽之谈："它们战斗的目的纯粹是为了战利品，而不是为了权利。它们借战争之名，行抢劫之实。"他说它们确实会以抢劫其他蜜蜂为乐趣。[37]17世纪时诺里奇的主教约瑟夫·霍尔给蜜蜂之间的战斗赋予了道德意义：

看到这些勤劳，能带来丰厚利润的生物就在自己的家门口愤怒地自相残杀真是让人感到遗憾。我多么希望看到的是它们与胡蜂和雄蜂在厮杀。如果真是那样，倒也算有一些正义的味道。但是，看到它们对自己的同类拔刀相向，一定会让它们的主人非常忧心。无论哪一方胜了，它同样都是失败者。[38]

弗朗索瓦·吕
《阿里斯泰俄斯
蜜蜂之死》(19
青铜像。

　　A. I. 鲁特是 19 世纪美国的一位资深养蜂人，他的出版社出版了《养蜂人札记》。他在作品中曾嘲讽蜜蜂的贪婪：

　　尽管它们本性优秀，但我从来没看到过哪一个蜂巢的蜜蜂曾经对它们邻居的幸福与否表现出一丝的关心。有时，一群蜜蜂会因为失去蜂王而无法增添新成员，最终它们会老得无法保卫自己的蜂巢。一旦有其他蜂群发现这一点，它们会在第一时间冲进来，击倒哨兵，没有任何一丝同情心地抢走哪怕是最后一滴储备物资，然后便回巢庆祝。完全不理会在一步之遥它们的邻居因饥饿而落到蜂巢底部，拼尽最后一点儿力气才能勉强爬到出口。但如果挨饿的是自己蜂巢中的同类，则完全是另一种情形。第一只能够得到食物的蜜蜂在刚刚吃得能够爬动时便会将食物传递给它的同伴。[39]

　　尽管蜜蜂的礼貌、虔诚和纯洁有很长的历史，但还有另一个传统与它们在一起：一方面，它们具有童贞，是纯洁的；另一方面，在博物学者眼里，它们是"不完美的"，因为它们的出生被认为是腐朽的。在许多传统中，人们都认为它们是由腐烂的死尸中孵化而来的。它们是"不可靠的"，因为它们的出生不正常，幼虫和它们成年的父母完全不同。

这种奇怪的传统起源于埃及人，在最早的希腊作家的作品中就有所体现。他们认为蜜蜂从腐烂的物质中产生。埃及人认为蜜蜂起源于神牛阿匹斯，代表着复活之神奥西里斯。他们认为被埋葬的牛（或密闭在一个房间内窒息而死的牛）能产生新蜜蜂。这种想法几乎可以肯定地说是起源于神秘主义的无生源说（尼罗河三角洲的泥土中会莫名其妙地产生一些生物）的解释。[40]

这种传统出现在《旧约全书》中：参孙赤手空拳地杀死了一头年轻的狮子，在尸体中找到了一群蜜蜂和蜂蜜。由此，他出了一个谜语："肉出自食者，蜜出自强者。"这个传统被传递给希腊人，他们用"阿匹斯"命名蜜蜂。这一传统还被希腊和之后的罗马作家改编：根据维吉尔的说法，阿里斯泰俄斯在追求欧律狄刻的过程中，意外地导致了她的死亡。作为惩罚，阿里斯泰俄斯的蜜蜂全部死了。[41]普罗透斯因此建议他用牛祭祀。祭祀了 9 天之后，他在尸体中看到了新蜜蜂。奥维德把这个牛生蜜蜂的故事写进了他的《变形记》中。[42]

出自不同动物的蜜蜂级别是不一样的。高贵的动物能生产出高贵的蜜蜂。狮子、小牛和公牛的蜜蜂能产生最好的蜂蜜。直到 17 世纪末期，养蜂作家们还在不断地建议读者在蜂巢旁放一个小牛的尸体，以便提高蜜的产量。亚里士多德描述了这种现象："如果蜜蜂不是自己产生后代，而是从某个地方弄来的，那么在它们搬运精子的地方，如果蜜蜂不去搬运的话，也应该有蜜蜂出现。因为搬运可以产生蜜蜂，留在原处的精子就不能产生蜜蜂吗？" [43] 他把这种无须交配便可繁殖的能力归因于"因自然的缺陷而赠予它们的礼物，所有其他生物都没有获得神的烙印（*nihil ut apum, habent genus divinitatis*）" [44]。

"蜜出自强者。
师记》14:5-14

　　这种传统源于围绕所有昆虫的困惑——后来才知道，除蜜蜂和少数社会性昆虫以外——它们总是产完卵后，扬长而去。就蜜蜂而言，这种困惑更翻倍了，因为它们长得有些像食蚜蝇，而后者真的会在腐化物中产卵。当然，蜂后只在蜂蜡制成的蜂室中产卵。人们在腐化物质中观察到的蛆和其他

昆虫幼虫被认为是一个标志，表示所有生物都具有天生的腐性：我们都趋向于腐朽，在死亡之中，我们身体中腐朽的一面才体现得最为清晰。因此，蜜蜂被描述为"不完美的生物"，它们"产生于腐化之中"（*generantur ex putri*）。[45] 在没有显微镜的情况下，没有人能观察到成年昆虫（虽然蜜蜂并非如此）只是为了给未来的幼虫提供可靠的营养来源才将卵产在腐化物中。这种靠腐化繁殖的传统观念一直持续到 17 世纪晚期。[46]1705 年，玛丽亚·梅里安展示了南美蜜蜂产在树枝上像泡沫一样的卵（其实是天幕毛虫的卵），这种现象至今仍被称为"蜜蜂唾液"。

虽然年轻的威廉·科顿受哈特利布的影响后还试图以这种方式表现蜜蜂，但到 18 世纪末期，这种想法早已不再被认为具有严肃的科学性了。不过，这并不妨碍它继续以比喻的形式出现在华兹华斯的《春天颂》和惠蒂埃的一首 19 世纪 60 年代末的诗歌中。虽然"传说似乎已经死去"，但是《葛底斯堡蜂巢》还是借用《圣经》上参孙和充满蜂蜜的狮子的故事来进行思考。一个在美国内战时遗弃的鼓中结成的一个蜂巢让诗人想到：

一个污浊、破损的鼓，
现在成了一个蜂巢，
蜜蜂在花朵和蜂巢间，
往往返返。

不再有鬼魅的哨兵打扰，
它们漫游宽广，
穿梭在覆盖弹片的绿色山间。
山谷中曾经有硝烟弥漫，
那低沉鼓声曾经是起床的号令，
现在，它已无法打断晨时的祈祷。

在夏日宁静的正午，
嗡嗡声充满了沉睡的空气。

参孙的谜题就是今天的我们，
甜蜜从强者中生成，
团结、和平和自由，
从不义者的巨颚中扯出。
从背叛者的灭亡中，
我们获得了纯洁的生活，

如旧时的力士，

屠兽而获蜜。[47]

蜂蜜产自一个枪林弹雨的环境中。这里的鼓就像《圣经》中的狮子，是一个被击败的敌人，而战利品就是充满了"团结、和平和自由"的"纯洁的生活"。葛底斯堡演讲是这首诗的背景：就像林肯在那个战场上发出了英雄的誓言一样，惠蒂埃用那个史诗般的比喻"旧时的力士"刻画了从恐怖中诞生的终极甜蜜。它变成了同样的英雄场景。鼓中的蜜蜂与徽章"和平出于战争"（ex bello pax）产生联系，如同蜜蜂在一个废弃的头盔内。然而，此处描写的是一种苦甜参半的氛围，一群毫不在意的昆虫漫游在刚刚发生一场灾难的地方，好像什么也没发生过一样。这与林肯在葛底斯堡演说中所说的截然不同：世界可能遗忘勇士们在此处的行为。国家还会有兴衰，军队还会互相残杀，但最终，无论是北部联邦还是南部同盟，抑或是亨利·科尔诗里中东地区的蜜蜂，还是会出去采集蜂蜜，自然总是会击败记忆。与同盟和联邦不同，唯有蜜蜂这样胜过人类的全心全意的忠诚，才能使国家长存。

根据传说，蜜蜂和其他昆虫一样，因为腐化的出身，被排斥在挪亚方舟之外。蜜蜂卑劣、堕落的一面与它勤劳、实用的一面形成了有趣的自我矛盾：恰好因为不完美，它们才通过勤劳和利他提升了自己的道德。这为人类提供了一个范例：蜜蜂与堕落的人一样，要承受缺点造成的后果；人类也和蜜蜂一样，能够通过艰苦的劳动来修补道德的缺陷。特别是在 18 世纪末的美国，对"亚当失足"的改正常常与蜜蜂联系在一起，因为它们具备严苛的工作精神，也因为它们因神助而成功。在美国，俚语中的 bee 在过去指任何为了某一协商好的共同目的而组成的集会（缝被子联谊会、剥玉米壳集会、建牲口棚集会、英文拼字竞赛），而且这种用法一直保留到了今天。

蜜蜂合作的原则（*non nobis*）是政治性的，却也是建立在实用和利益基础之上的，是符合整体利益的。但是，蜜蜂到底于我们有何用？

第 六 章

蜜蜂的实用性

好了，让它成为你的第一原则，从不杀戮。[1]

20世纪80年代，萨格斯所在的乐队叫"疯狂"，但他神志正常。在被BBC邀请参加《荒岛唱片》节目时，他说，如果他们流落荒岛，他唯一的奢望是有一个蜂巢。他解释说蜂巢可以为他提供蜂蜜，供给能量，蜂蜡可以制成蜡烛和保护皮肤，蜂王浆可以成为营养补品。此外，他还可以在独处中思考蜜蜂的生活，以此获得恬逸和哲学上的快感。[2]看起来蜜蜂仍然得到人们的欣赏，因为它们能为人类提供物质和道德价值。但是，这种价值到底有多少呢？

一份最近的调查估计了蜂蜜的经济价值。它表明如果能把蜂蜜已知和可能拥有的抗癌特性加以发展的话，美国因癌症死亡而造成的经济损失将极大降低。更别说低廉的蜂蜜可以用作药物来应对通常以处方药缓解的病痛。[3]有时，传统医学对蜂蜜的药疗作用持怀疑态度，把它当成是无任何意义的民间偏方。但现在，已有确凿的证据表明，蜂蜜确实能有效对抗许多疾病。毕达哥拉斯（公元前6世纪）和德谟克里特（公元前5世纪）都把他们的长寿归因于使用蜂蜜。蜂蜜的医药作用至少在5 000年前就被承认。一块公元前3000年苏美尔人的泥板上刻着用蜂蜜治疗皮肤溃疡的建议；在古印度阿育

工蜂营造蜂室。

吠陀医学的外科手术中，蜂蜜黄油被用作局部敷料；古埃及和古希腊也记载着类似的用法。

在我们这个年代的药典中，蜂蜜仍没有失去它的地位。它能用于治疗烧伤、烫伤和多种伤口。1913 年，在巴尔干战争期间，保加利亚的军队因为缺少药品，便把蜂蜜敷在伤口上。蜂蜜的流动性使它成为理想的伤口敷料，因为在替换敷料时，不会撕扯愈合中的皮肤。蜜蜂给蜜囊中的花蜜加入了葡萄糖氧化酶；它能与花蜜中的葡萄糖发生反应，产生葡萄糖酸，这能降低蜂蜜的 pH 值，增加它的酸性，使其这样便能抑制细菌的生长，抑制发酵过程，使其得以长期保存。葡萄糖酸的一个副产品是杀菌剂过氧化氢（H_2O_2）。因此，低水分、低 pH 值和过氧化氢这一组合让蜂蜜成为理想的防腐剂。蜂蜜除能对抗炭疽、白喉、败血症、各种尿道感染、脓疱病、蛀牙、产褥热、猩红热、霍乱等病菌外，还是多种其他病菌的特效药。[4] 最近的研究表明，蜂蜜还是对抗幽门螺旋杆菌的特效药。这种病菌是胃癌的致病因素之一。蜂蜜之所以能对抗幽门螺旋杆菌是因为它能刺激胃肽的产生，并且能改善胃黏膜的血液循环。蜂蜜还获得许可在国民医疗服务制度中使用。它能有效对抗耐甲氧西林金黄色葡萄球菌这种超级细菌。这是一种医院感染中越来越常见的细菌，它对大部分抗菌药产生了抗药性。此外，蜂蜜这种半流体中的过氧化氢释放非常缓慢，因此在伤口愈合期间比直接使用未稀释的过氧化氢更为有效。[5]

花蜜从蜜囊中反刍出来以后，变成蜂蜜的过程在蜂巢中继续。在那里，蜜蜂使它们的水分蒸发掉，变成过饱和溶液，具有高渗透压，即排水的能力。从细菌细胞和真菌细胞排水的能力，使得它们脱水，这一特性进化得足以杀死蜂蜜中的潜在危险，却使蜂蜜能用于伤口和感染的治疗和愈合过程。蜂蜜中还富含类黄酮，它能进入眼睛的晶状体。亚里士多德和古代的玛雅人都知道蜂蜜能缓解眼部炎症和白内障的症状。正因如此，用于移植的眼角膜要保存在蜂蜜之中。有人说蜂蜜还能用作抗氧化剂，能增强免疫力。（据称，它们能刺激 B 淋巴细胞和 T 淋巴细胞的生长。）这些说法并未得到证实，还有待验证。[6] 这种效果既得益于严格的药理和抑菌作用，也得益于它们半流体的润滑感。而且，蜜蜂用来修补巢穴的蜂胶（植物树脂）似乎也具备抗菌的特性，能有效预防龋齿。蜂王浆是工蜂从腺体分泌出来，当作食物喂给那些作为蜂王培养的幼虫。虽有许多人说它们是上好的营养补品，但其实并没有明显的效果。

17 世纪 50 年代塞缪尔·哈特利布估计英国的蜂蜜和蜂蜡所产生的毛利是 30 万英镑。在当时来说，这也算是一笔巨大的财富。但是在同一世纪稍晚些的奥布里眼中，这个数字又显得有点儿小。他专门收集各种五花八门的事实。他指出《女王》一书的作者查尔斯·巴特勒曾经给了他女儿400英镑的蜂蜜（他称呼自己的女儿为"蜂蜜女孩"）；奥布里还说他一个在威尔特郡的邻居每天生产半磅蜂蜜，他还听说纽卡斯尔市的一个养蜂人每年秋天能挣800英镑（特高收入）。所有这些都能说明，那时蜂蜜是多么价值不菲。[7] 他与同时代的约翰·拉维特都是17世纪热情的养蜂倡导人。后者以养蜂人与他虔诚的学生间对话的形式提醒读者在家庭卫生、外伤处理中使用蜂蜜产品。哈特利布的《蜜蜂新联合》（1655）刊印了各路记者寄给他的与蜜蜂有关的咨询和讨论。这是现代杂志《养蜂人》的雏形。在20世纪，白金汉郡的桑顿学院把养蜂特别推荐为一种生活技艺。这家学院中的教师都是修女。她们1943年的广告把养蜂作为一种"家庭手工业"推荐给那些不准备上大学的学生。[8] 在战时物资短缺的情况下，这可能尤其有吸引力。

从亚里士多德、瓦尔罗、克路美拉等人开始，作家们就非常关注养蜂业的实用性和利润，这种做法一直持续到了工业时代。一本维多利亚时代有关养蜂的"百科全书"在"养蜂的利润"这一词条下有一篇相当长的注解。包括一些如何管理蜜蜂以求最大收益的记事，还提倡用药物对付蜜蜂，而不是杀死它们。也提倡在收获蜂蜜时要保护蜂巢，尽量不要破坏它们。这篇文章向读者保证，一个约8万只蜂，有3个继箱的蜂箱在好的年景可以生产68千克蜂蜜。[9] 在"伟大的展览会"上，一个叫作约翰·弥尔顿的人展出了一些奇妙的蜂箱。其中有一个像城市里能供多家居住的房子，由4个独立的蜂巢组成，好像单元房一样。这个噱头的目的是要表明，城市居民照样可以从养蜂中获得收益，也提醒参观者记住蜜蜂的和谐与勤劳。[10]

除了蜂蜡和蜂蜜的药用价值之外，蜜蜂产品还有多种用途。蜂蜡因为熔点高（63℃）、燃点高（1 149℃）和韧性强，常被用于模具、铸造、打磨、涂层、润滑、电转换器、制药和美容等。

蜜蜂产品还包括早期的基本饮料，那时葡萄酒还是非常昂贵的舶来品，而喝水又有变质的风险。在英国和北欧，劳工和中层阶级可能制作并使用过蜂蜜酒（一种发酵的蜂蜜果酒或蜂蜜啤酒，极有可能是人类最早生产的饮料）、草药蜂蜜酒、香料蜂蜜酒（尤其受伊丽莎白时代的人们青睐）、水果蜂蜜酒（由水果和蜂蜜制成）、苹果汁蜂蜜酒（由苹果汁混合蜂蜜而成）、大麦芽蜂蜜酒（由蜂蜜和麦芽糖制成）、葡萄香料蜂蜜酒（用葡萄酒及香料调制的甜酒）。"蜜月"一词最早起源于德国人在婚礼上饮用蜂蜜酒和蜂蜜啤酒这一传统。这是一些很强劲的饮料：拿破仑战争时的英国士兵曾一度饮用过这些饮料，但后来发现这些酒精度达6%的饮料对士兵们来说有点儿过头了。[11]

人类三分之一的食物来自虫媒植物。所以，蜜蜂的健康是生态健康的重要标志。在美国和欧洲，有机运动、绿色运动和各种环保运动经常把蜜蜂用在宣传海报上。梭罗在日记中经常提到在新英格兰的不同地区有蜜蜂和它们的食物存在。美国的拓荒者也是如此，他们把野生蜜蜂的出现看作荒野正

色的花粉被储存
蜂室中。

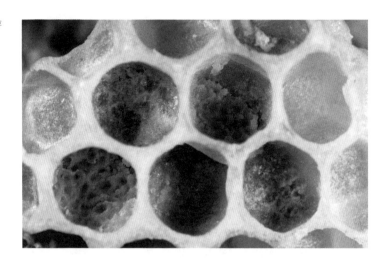

在被文明昆虫救赎的标志。威廉·卡伦·布莱恩特在他的力作
《大草原》中把美国中西部描写为"充满生机的大荒野",在
那里——

　　　　　那些蜂儿,
　　　　　跟随着人类从东方而来,
　　　　　可它们比人类还要爱冒险。
　　　　　它们的嗡嗡声遍布大草原,
　　　　　它们把甜美的蜂蜜,
　　　　　藏在了树洞之中,
　　　　　就像黄金时代一样。
　　　　　我倾听着它们的低语。
　　　　　我仿佛听到了一种力量,
　　　　　那是一种前进的力量。
　　　　　马上就要占据这片荒原。[12]

布莱恩特诗中的蜜蜂有一种模糊的地位：一方面，它们是勇敢的先驱者，是整个国家开拓行为的榜样，可作为天命论的标志；另一方面，在布莱恩特看来，它们的到达意味着对"大荒野"和原始自然社会的冲击。对于后者，他曾在其他诗歌中以一种不寻常的情感和同情进行赞颂。蜜蜂曾是多种意义的象征者。此处，它们表达了对不可阻挡的西进运动的不安。从悲观的角度看，在工业世界，野生蜜蜂的失败是非常普遍的，蜜蜂活力的下降代表着一种潜在的灾难：土地的生产力被破坏或者大打折扣。

第 七 章

蜜蜂的美学意义

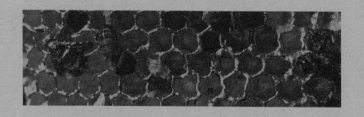

它是一件艺术品。然而，没有任何一件人类的
艺术品能够达到这个高度。[1]

　　"有一个杰作能够达到完美，那就是六边形的蜂室。没
有任何一种生物，包括人类在内，能够在他们的领域里达到
蜜蜂的成就。假设有外星人突然造访，并且要求地球提供最
完美的创作，我们只能拿出普通的蜂巢。"[2]在思想史上，一
直都有一些实用的东西承载着美德和赞誉。换句话说，它们
既有实用、令人愉悦的设计，又体现着美学和实用不可分割
的道德统一。富有传奇色彩的发明家和工匠代达罗斯是克里
特迷宫的创造者，他创造了许多杰出而美妙的东西，还创造
了许多实用的物品，如锯和斧子。这充分体现了美学与实用
的统一。他最著名的作品之一是埃里克斯山上阿佛洛狄忒神
庙中的黄金蜂巢。这个充满六边形小室的蜂巢是美丽的实
用品，"所有忙碌的房间连接在一起，所有的功能都让人愉
悦"[3]。这是一个完美的结构，因为它是体现实用性的最优
雅的设计。那种结构经常被认为是创作行为的最具高度和职
业道德的形式，象征着天堂的结构。[4]安德鲁·马维尔曾赞
扬一个房子舒适得就像乌龟壳适合乌龟一样。蜂巢、蜂室对
蜜蜂的工作也配合得如此默契。托马斯·布朗把六边形的蜂

巢作为来自上帝的启示来研究，他认为上帝以此来证明自然是几何化的。他说："蜜蜂的宫殿和君主制充满了神奇，它们六边形的居室拒绝圆形。因为圆形不能紧挨在一起，因此不能完全填满空间。它们之所以钟爱六边形是因为每个蜂室都可以连接六个边，而且也适合容纳蜜蜂自己。"[5]法国的博物学者雷内·列缪尔曾经考虑用六边形的蜂室为计量标准。这是用来证明蜂巢的完美和神圣的另一个例子。[6]克里斯多夫·斯马特曾嘲笑一个傻瓜居然敢不自量力地向蜂王建议如何改进蜂巢的建筑：

> 女士请听我说，建筑非您所长，
> 您的风格我不认可，
> 此中毫无设计可言，
> 请您向甘特学习如何绘制线条。[7]

20世纪的小说家和雕塑家迈克尔·艾尔顿像乔伊斯一样用代达罗斯的形象来代表具有探究和冒险精神的艺术家。他像神话里的先贤一样，利用失蜡法制作了一个黄金蜂巢，上面还有黄金蜜蜂。这个华丽的艺术品是受蜜蜂启发，并且使用了需要用到蜂产品的技术。

关于蜜蜂建构蜂巢的方面曾有多种猜测。有些错误的想法是由阿加西这样著名的博物学家提出的。阿莫斯·鲁特在1891年讨论了蜂巢的实用性和其中蕴含的数学意义，调动了大家的思维。从抗拉强度和储藏效率（储藏幼虫和蜂蜜）角度来说，六边形的蜂巢是最经济的工程设计，是不可逾越

的。鲁特说道："蜂室的建设成了大自然中经济计算的著名难题之一。所有追求知识的人呀，'你们应该拿出钱，买一个蜂巢'，应该直接从上帝自己的作品中学习，而不需要从其他渠道间接获取。"[8]"这个蜂巢（诗歌），"亨利·埃里森在比较了他的十四行诗与蜂巢之后写道，"是由完全相等、规则的蜂室构成的。它们与真的蜂巢一样，也是力量、便捷的最佳体现。"[9]在包括此诗在内的诗歌中，埃里森把知识的获取比喻成蜜蜂觅食的过程，把经验的积累比喻成酿蜜的过程。

在建筑、艺术和音乐中，蜜蜂及蜜蜂产品、蜜蜂行为、蜜蜂的身体，无处不在。但是，正如卡尔·马克思提醒我们的，蜜蜂与艺术家之间的区别触及了艺术创作的本质：

> 蜜蜂建筑蜂房的本领使人间的许多建筑师感到惭愧。但是，最蹩脚的建筑师从一开始就比最灵巧的蜜蜂高明的地方，是他在用蜂蜡建筑蜂房以前，已经在自己的头脑中把它建成了。[10]

受蜜蜂启发最彻底的建筑是加泰罗尼亚的安东尼奥·高迪的建筑。他将蜜蜂、蜂巢、养蜂的特点融入建筑结构和装饰图案之中。在他的出生地加泰罗尼亚，高迪用建筑表现了蜂巢的质朴和蜂箱的形状。另一方面，他用悬挂结构表达了对野生蜂巢尤其是抛物拱形的敬意。这在他的主要作品中反复出现。[11] 蜜蜂的市民生活是高迪灵感的另一来源。他为马塔罗工人合作社做的设计其灵感来源于对蜂巢乌托邦式的思考和社会主义者的劳动合作原则。高迪为合作社选定的标志是蜜蜂。

图）高迪受蜂巢
而创作的穹顶，
罗那奎尔公园。

图）巴塞罗那巴
墅中的抛物拱
模仿倒置悬挂
然蜂巢的弧形。

瑞士的拉绍德封也同时做出了这一选择。在那里，一个最著名的制表合作社被称为"蜜蜂共和国"。工厂内部装饰着与蜜蜂有关的图案。拉绍德封拥有古老的制表技艺和共和传统。这个小镇的城市徽章上就有蜂巢的图案。拉绍德封还是受蜜蜂启发的建筑大师的出生地。他就是爱德华·让纳雷——（我们熟知的）勒·柯布西耶。与众多同时代的前卫艺术家一样，他对昆虫学家简·亨利·法布尔的作品、社会昆虫的行为以及人工仿品尤其感兴趣。这些昆虫的行为向我们表明秩序是自然现象。甚至勒·柯布西耶的仿生程度最低的建筑都与蜂巢有关。[12] 彼得·贝伦斯为德国通用电力公司设计的徽标拓展了蜜蜂的勤劳所具备的吸引力。

16 世纪格林纳达的阿尔罕布拉宫中的六边形和高迪设计的巴塞罗那大教堂的蜂巢形状，证明了巧妙的蜂巢所具备的恒久魅力。或许与蜂蜜有关的手艺在现代艺术中最奢华、最复杂的延伸体现在约瑟夫·博伊斯的作品中。在 20 世纪 40 年代末和 50 年代初，博伊斯以蜂蜡为材料创作了许多蜂王形象。他曾受到鲁道夫·斯坦纳的巨大影响，想要表现物质和精神创

（左图）野外悬挂蜂巢，出自洛伦佐·兰斯特罗思的《蜂与蜜蜂》(1853)。

（右图）瑞士拉绍德封的市徽。

德国通用电力公司的蜂巢徽标。

在蜂巢上方形
一个抛物线,
吉勒斯·奥古
的《蜜蜂的自
史》(1744)。

作之间的联系。蜂王系列是第一次尝试,试图要阐释合作与手足情义的原则。[13] 但在 1965 年的行为艺术作品《如何向一只死兔子讲解绘画》和 1977 年的《工作场所的蜂蜜泵》中,是蜜蜂的产品——蜂蜜和蜂蜡扮演着更重要的角色。在前者中,博伊斯用蜂蜜涂抹自己并粘上金箔。后者是一个巨大的液压系统,建在卡塞尔的腓特烈博物馆中,使两吨蜂蜜在环绕报告厅的透明管道中循环。博伊斯利用这个蜂蜜泵创造了一个有机系统。在这样的系统中,蜂蜜代表着社会组织的血液。从某个角度来说,这和它们在蜂巢中的地位是契合的。

在从维多利亚工业化阶段的末期到"一战"前和两次世界大战期间的现代运动中,理性思考和有机建筑得到了发展并影响了对蜜蜂的观念,但这并没有阻碍那些多情善感的欣赏者。梅特林克的插画师德特莫尔德一直坚持使用薄纱和梦幻般的意境来表现蜜蜂和花朵。塞西莉·玛丽·巴克在爱德华

牙格林纳达的
罕布拉宫中的
穹顶。

时期的花仙子故事中有一个胖墩墩、毛茸茸的"繁忙的老熊蜂",它与金鱼草精灵争夺花蜜。毕翠克丝·波特笔下的芭比蒂熊蜂和它的蜂友们总是给爱整洁的点点鼠太太添乱。后来的蜜蜂形象完全是毫无意义和离经叛道的,如 20 世纪 60 年代的蜂巢发型。蜂巢形状的蜂蜜罐或许是俗气蜜蜂制品的最佳代表。从信用卡到大众融资等场面,无不用蜜蜂作为广告代言。

爱德华·德特德为梅特林克年版的《蜜蜂活》所配的插图。

图）海军工兵部
门的徽章"战斗的
蜜蜂","二战"时
期的明信片。

图）歌手玛丽·威
尔逊的蜂巢发型，
1965。

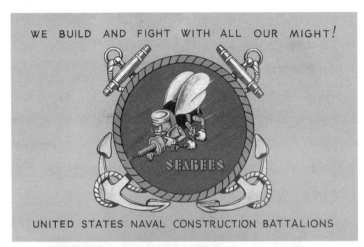

WE BUILD AND FIGHT WITH ALL OUR MIGHT!

SEABEES

UNITED STATES NAVAL CONSTRUCTION BATTALIONS

1953 年，一个德国生态学研究者提出了"蜜蜂舞"这一概念。此前，人们早就注意到采集了花蜜和花粉之后，满载而归的蜜蜂能够直接回到蜂巢，还发明了"蜂线"这一名词来描述这一特征。但是，蜜蜂探路的方式一直没有得到完全的理解。要知道，它们的觅食地通常离蜂巢非常远。蜜蜂的探路能力一部分来源于用复眼所看到的地标，一部分来源于通过感知地球磁场和太阳而得到的方向感。确实，太阳可能是其中的关键因素：几乎可以肯定的是，蜜蜂感觉不到微弱的星光，这就是为什么即使天气温暖的夜晚它们也不出动的原因。然而，在 1953 年之前，人们也正在逐步揭开蜜蜂自我定位的能力。

　　卡尔·冯·弗里施揭示的是一个更为神秘的问题的答案：蜜蜂如何把它们知道的信息传递出去？觅食回来的蜜蜂具备一种把食物源的位置告知其他蜜蜂的能力，而不用带领它们去那里。同样，一群蜜蜂在寻找新的筑巢地的时候，负责侦察的蜜蜂能够把它选定的地点告知其他蜜蜂。它的说明非常准确，其他蜜蜂根本无须其他帮助便可找到那里。冯·弗里施用找到新食物源地后刚刚返回蜂巢的蜜蜂做了一系列控制实验。他观察到蜜蜂在蜂巢上表演两种舞蹈：环绕舞和摇臀舞，这些舞蹈是一种交流方式。

　　环绕舞说明觅食地距离蜂巢较近。沾在跳舞蜜蜂身上的花的香味能帮助其他蜜蜂判断它们在寻找哪种花，舞蹈的气势或许与花蜜的甜度有关。环绕舞和摇臀舞都伴随着一个典型特征——抬起腹部末端。这里的纳西诺夫腺体会分泌一种信息素，表明有新食物。摇臀舞更加复杂，因为它需要传递

距离蜂巢 3~5 千米之外的觅食地的信息。这些信息需要在没有味道痕迹辅助的情况下告诉其他蜜蜂去哪里。在这种舞蹈中，移动速度的变化表明距离的远近，舞蹈的模式或许能反映方向，这也许是以重力或者太阳的方位来作为参照的。因为执行取送食物任务的蜜蜂会尽可能沿直线飞行，而且高度固定，所以，摇臀的指令中似乎没有表示弯路或翻越山岭和建筑等障碍的内容。

他还得出结论说，蜜蜂的语言中没有表示"上"的词汇。舞蹈中删去了蜂线中的技巧，所以，看起来像是蜜蜂掌握了与食物有关的综合信息，而不是路线的细节信息。[14] 冯·弗里施因为这些工作而赢得了 1973 年的诺贝尔奖。他随后的研究又修订了对这些舞蹈的描述。

关于蜜蜂舞蹈的科学证明与长久以来人对它的说法和情感（尤其 19 世纪）是一致的。它们常被描述为"无忧无虑"

的小家伙，在充满阳光的花园中翩翩起舞，惬意至极。但是，不管"蜜蜂舞"是否只是一个充满魅力的误称，它们"唱歌"这一点几乎是确定无疑的。在华兹华斯的记忆中，这种"纤细的声音""微弱的语言"伴随着"春去秋来"；威廉·卡伦·布莱恩特把这种夏日的声音想象成了喃喃低语的风；而在爱默生那里它又变成了"柔和、轻松的贝斯"[15]。

觅食的蜜蜂发出的音高变化丰富的声音在里姆斯基-科萨科夫的名作《野蜂飞舞》中被重新创作。这部作品的主人公是一个贵族，他能随心所欲地变成一只蜜蜂，声音和样子都酷似在花丛中觅食的蜜蜂。19 世纪尤其对蜜蜂音乐感兴趣，

116

峰的声音，从左
分别是新蜂王、
流中的新蜂王、
蜂王。出自查尔
巴特勒的《女性
制》（1609）。

1811 年之后至少有四首"蜜蜂合唱"。[16] 就连一向活跃的沃尔特·惠特曼也会停下来沉思熊蜂的音乐。在他的笔下，它们在"吟唱着无尽草原的繁荣"。他问道："这难道不是一种暗示？说明要有一种以它为背景的音乐？某种熊蜂交响乐？"[17] 仿佛是为了回应这一问题，里姆斯基–科萨科夫的作品被改编成了管弦乐，与事先录制好的蜜蜂的嗡嗡声合成了交响乐。查尔斯·巴特勒在 1609 年讨论了蜜蜂的歌唱，他用如上的方式描述了它们。

巴特勒还创作了一首关于蜜蜂的无乐器伴奏合唱歌曲。（"所有政权中，君主制最好。所有君主制中，女性率领女战士最佳。"）[18] 按照当时的习惯，歌谱的同一页分为完全相同但颠倒排列的两部分。这种做法方便围绕桌旁的四名歌手参照同一歌谱。这倒无意中契合了蜜蜂王国的合作精神。蜜蜂的翅膀每秒钟能拍打 200 多次，这能产生一种高强度的嗡嗡声。在早期，这种声音几乎被视为圣歌。人们认为蜂巢会在圣诞节的早上歌颂基督的出生，会在养蜂人死去时哀鸣。爱德华·法灵顿·伍兹是英国广播公司的录音师，他也是一位养蜂人，曾发明了"蜂鸣测定器"。他发现工蜂和雄蜂拍打翅膀的频率不同，因此分别发出 250 赫兹（中央 C 下的 B）和 190赫兹（中央 C 下的 G）的嗡嗡声。[19]

蜜蜂的社会组织形式给了另一个作曲家——约翰·道兰德创作的主题。他并没有像里姆斯基–科萨科夫那样尝试去复现蜜蜂的声音。他的无乐器伴奏合唱歌曲中的一句歌词"愚蠢的蜜蜂也该发言了",据说是出自埃塞克斯伯爵。他把自己看作一只恳求的蜜蜂。尽管工作辛苦,却不能优先享受自己酿成的百里香蜂蜜,甚至要等到雄蜂、胡蜂、虫子和蝴蝶之后:

> 我带着忧伤,跪倒在地,
> 向蜂王说出委屈,
> 陛下,上帝赋予您永无尽头的时间,
> 求您抽点儿时间听听我的牢骚。
> 无所事事的苍蝇都有朋友为伴,
> 而我只会在卑微中看着他人高升。
>
> 蜂王听罢回答道,
> 你这只爱发怒的蜜蜂,
> 你注定了要为时间效力,
> 为百里香效力,而不是你自己。[20]

具有讽刺意味的是埃塞克斯眼中的蜂王形象是错误的:当然,他抱怨的对象其实是伊丽莎白一世。在 1602 年,埃塞克斯叛乱失败,并因此受到审判。他曾经抱怨的受尽冷落的时光倒真成了如实的记录。

第 八 章

大众生活中的蜜蜂

蜜蜂起源神话的传统……主要归功于诗歌而非信念。[1]

与蜜蜂有关的话题充斥着我们的生活和语言，它们渗透到了我们对自己的思考之中。莎士比亚作品是蜜蜂观念的极好索引。他用与蜜蜂有关的思想来表达公正、美德、策略、复仇，这几乎成了惯例。事实上，莎士比亚提到蜜蜂都是在历史或政治悲剧里。在这样的戏剧中，某种社会秩序是最重要的主题。例如，在《亨利六世》（第二部，第三幕，第二场，125—127）中，暴民被比喻成愤怒而又无法无天的蜜蜂，它们"不在乎蜇的是谁"；在《泰特斯·安德洛尼克斯》（第五幕，第一场，13—16）中，暴民是心甘情愿被带领着去复仇的群体。在《亨利六世》（第二部，第四幕，第一场，107—110）中，下等人就像是懒惰而又胆小的雄蜂，它们"吸不到天鹰的血，只能劫掠蜂房"。这种说法源于一种古老的观点，人们认为鹰以雄蜂为食物，因此雄蜂便返回鹰的巢穴，把它的卵扔掉，或把它们吸干。[2] 蜜蜂的高尚在莎士比亚这里已经变成了卑劣的复仇手段，也变成了蜜蜂之间的自相残杀。

在《亨利六世》的第一部分中，塔尔博特在对抗圣女贞德时表现出了复杂的不确定性，就像是失去了方向的蜂群：

这巫婆如同当年汉尼拔使用火牛阵一般，

取胜不是凭着兵力，

而是凭着制造恐怖，

把我们的兵力压迫回来，

好比是用浓烟把蜜蜂熏出蜂房，

用腥臊的臭气把鸽子赶出巢窠。（第一幕，第五

场，19—24）

圣女贞德军队的标志是蜂巢，在中世纪苏格兰的传说中，女巫有时被指可以变成蜜蜂的样子。塔尔博特的蜜蜂形象是正面的，也是负面的。它的正面形象代表着塔尔博特勇敢地打败法国军队，它的负面形象则用来指代贞德那仿佛中了巫术的士兵。这些形象糟糕地具有两面性：被驱散的英国"蜜蜂"被敌对的"蜂后"击败了。

莎士比亚第二组历史剧以蜜蜂为榜样表现了自治的观念。当沃里克试图安慰亨利四世，他那浪荡不羁的儿子哈尔最终将会"用以往的过失作为有益的借鉴"时，悲观失望的父亲回答道："蜜蜂把蜂房建造在腐朽的死尸躯体里，恐怕是不会飞开的。"（《亨利四世》，第二部，第四幕，第一场，79—80）这里借用的是牛生蜜蜂和参孙杀死狮子在尸体中发现蜂蜜的故事。这样的蜜蜂不会放弃它们的巢。同样，哈尔也不太可能放弃他所建立起来的堕落的团体。蜜蜂的比喻进一步深化。我们知道，亨利五世（洗心革面的新国王）后来用蜜蜂的形象来指代他的朝廷。但是他父亲心目中的儿子是与家族纷争、

自相残杀和混乱联系在一起的。无论父子关系，还是等级秩
序方面，哈尔的做法在亨利四世眼中都堪比堕落的蜂巢。其
实，此时亨利四世自己也正在受着内战和叛乱的困扰。亨利
四世谈到了父亲们的养子之不易：

> 那些痴心溺爱的父亲魂思梦想，绞尽脑汁，费
> 尽气力，积蓄下大笔肮脏的家财，供孩子们读书学
> 武，最后不过落得这样一个下场；
> 正像采蜜的工蜂一样，它们辛辛苦苦地采集百
> 花的精髓，等到满载而归，它们的蜜却给别人享用，
> 它们自己也因此而丧失了性命。（第四幕，第五场，
> 70—79）

蜜蜂的美德转化成了贪婪、嫉妒和残酷：费尽气力积蓄
下来的家财变成了腐烂的蜂蜜，它高尚的甜美最终变成了苦
涩。蜜蜂培养后代并且忘我地积累财富，却被那些毫无感恩
之心、挥霍无度的儿子糟蹋得荡然无存。莎士比亚似乎是把
雄蜂的懒惰与黄蜂的残忍糅合在了一起。那些"残酷的黄蜂，
刺死了蜜蜂而吮吸它的蜜"（《维洛那二绅士》，第一幕，第二
场，107—108）。

许多迷信的说法把蜜蜂的文明生活与人类的社会和精神
功能联系在一起。例如，蜜蜂是养育者：潘恩和狄奥尼索斯
就是蜜蜂喂养的；宙斯的母亲瑞亚曾把儿子藏在迪克特山的
山洞中，以躲避嗜杀成性的父亲克洛诺斯。在此期间，她就
以蜂蜜喂养宙斯。正因如此，宙斯有时被称为"蜜蜂人"。后

来，他奖励蜜蜂，让它们可以蜇人，但同时规定蜇人后的蜜蜂必须要死去，以此来实现"非为己"的自然法则。在某些版本的神话中，负责保卫的蜜蜂实际上是女人，被称作"梅丽莎"（墨利修斯王的女儿）。西布莉、阿耳忒弥斯和得墨忒尔神庙中的女祭司也被称为"梅丽莎"。以弗所的阿耳忒弥斯女神是一个长着很多乳房的蜜蜂女神，这一形象几乎可以肯定是与蜂蜜被用于仪式或用作圣食有关。尤其是在亚洲和古基督教的洗礼和其他受纳仪式中，也是由于这个原因，用蜂蜜涂抹自己可以阻挡邪恶的鬼魂。

拉斯坎人的花
描绘的是克里
人被蜜蜂蜇的

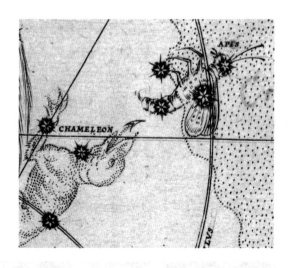

"以声招蜂"（通过敲打金属器皿，把蜜蜂招进蜂巢）的传统可能与这些故事有关。枯瑞忒斯是战斗牧师，与梅丽莎一起保护宙斯不受克洛诺斯的伤害。他们敲打盾牌掩盖了小宙斯的哭声。狄奥尼索斯把养蜂的技艺传授给了人类。他最初是掌管蜂蜜酒的神，而不是掌管葡萄酒。在纪念他的活动中，铙钹等打击声据说是为了吸引蜜蜂。巴克斯与狄奥尼索斯一样最初掌管的也是蜂蜜酒，而不是葡萄酒。根据奥维德的说法，他是蜂蜜的发现者。他在去罗多彼山的路上时，他的仆从击打铙钹，引来了一些蜜蜂。巴克斯把它们困在一棵空心树中，它们便在那里酿成了蜜。在另一个与此相关的故事中，萨蒂尔的父亲西勒诺斯试图要巧夺一棵内有蜂蜜的树，但是被蜜蜂蜇了。巴克斯教他在伤口上涂抹蜂蜜，并揉搓，以减轻痛苦。[3] 以声招蜂的观念流传了很长时间：在1820年，愚蠢的新泰克斯博士的遭遇之一，便是一些被招来的蜜蜂，非要在他的假发中安家。[4]

(右页图) 17
60年代时，在
烈亚斯·塞拉
斯所绘的《和
宇宙》中，蜜
已经变成了苍蝇

124

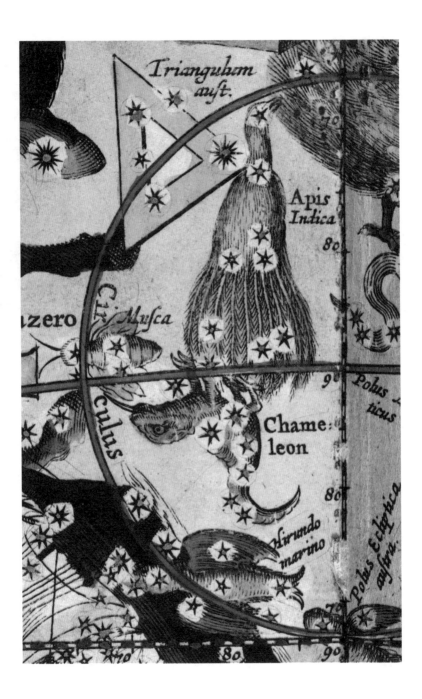

Triangulum auſt.

Apis Indica

70

80

azero

Cir.

Muſca

Culus

90

Chame leon

80

Hirundo marino

Pohus ticus

Pohus Ecliptica auſtra.

70 80 90

70

根据传统，养殖的蜜蜂与牲畜的待遇是不一样的，它们被当成家庭成员。与它们有关的活动和仪式都要进行庆祝。如果养蜂人死了，它们也要立刻被告知，以免它们离开巢穴，另谋新家。惠蒂埃的《告知蜜蜂》中就描写了这样的情景。一个痛失爱妻的男主人正在回忆某天看到的一个场面。当向着年轻妻子房间走的时候，他看到女佣正在用黑布把每个蜂巢都罩起来。"我知道她在告知蜜蜂，我们都无法避免的一个旅行。"女佣演唱的歌曲一直在他脑海徘徊，"留在家里，可爱的蜂儿，不要飞去，玛丽夫人已经离开"[5]。结婚等高兴的场合也要与蜜蜂分享，还会分给它们一些婚礼上的美食。

一个很有意思但未必真实的故事是关于蜜蜂的挑剔（它们讨厌口臭、紫杉树，更受不了洋葱）。故事的主人公是喜欢吃蜂蜜、蜂蜡和蜜蜂幼虫的非洲蜜獾（*Mellivora capensis*）。蜜

新泰克斯博士自发被仆人们招呼蜂当成了蜂巢，自威廉·库姆的泰克斯博士的三旅行》（1868），马斯·罗兰森配

獾朝着蜂巢放屁，把蜜蜂熏出来。这种诡计多端的动物据说是少有的能消化蜂蜡的动物之一，据说它们会去教堂偷蜡烛。蜜蜂讨厌脏话，会蜇那些当着它们的面骂人的人。蜜蜂只喝纯净的水。[6] 神话中的蜜蜂所体现出的纯洁性拓展了那样的观念。正如我们看到的，它们与马利亚的圣洁有关。它们的声音和飞行模式代表着灵魂升入天堂。在法国布里多尼地区的神话中，蜜蜂是基督滴在十字架上的泪珠变成的（那些不熟悉亚里士多德和维吉尔说法的人接受此观点）。在埃及神话中，它们是拉神的眼泪。[7] 在英格兰北部的传说中，它们在圣诞节的凌晨唱歌。1752 年，英国放弃了儒略历，而改用格列高利历，约克郡将信将疑的养蜂人报告说，蜜蜂还在以前日历中的圣诞节时唱歌，而不理会新日历。[8] 蜜蜂对勤劳的人文学者鲁多维科·维维斯的热爱促使它们于 16 世纪 20 年代在牛津大学基督圣体学院维维斯书房铅片屋顶下筑巢。蜜蜂在那里待了一个多世纪。圣体学院因此有了一个绰号"蜜蜂学院"，自那之后，该学院的历任院长都养蜂。[9]

巴尔贝里尼广
泉上的蜜蜂

蜜蜂和预言、占卜的关联有着悠久的传统。德尔菲最初的神庙据说是由蜂蜡建造而成的，并且受到蜜蜂的保卫（或许与梅丽莎有关，它们是宙斯的守护者，后来变成了很多宗教中的祭司）。英国的古董研究者威廉·达格代尔出生时，一群蜜蜂飞入他父亲的花园。"很多人认为，这是一个吉兆。"威廉·利里后来告诉达格代尔，"蜜蜂确实预示着这个婴儿会变成勤奋的神童"。这个预言在达格代尔身上得到了应验。[10]另一个与蜜蜂的预言能力有关的故事发生在 1623 年梵蒂冈选举教皇时。一群蜜蜂降落在马菲里奥·巴尔贝里尼等候选举结果的办公室中。因为巴尔贝里尼家族的族徽中含有一个蜜蜂三角，所以，马菲里奥被任命为乌尔班八世是情理之中的事。巴尔贝里尼的蜜蜂三角后来被广泛用于罗马的建筑和纪念碑中。根据塔西佗的说法，在尼禄执政时，一群蜜蜂降落在国会的山墙上，这是一种凶兆，它促使这位罗马皇帝的母亲阿格里皮娜采取行动控制她的儿子。[11]李维提到了另一个蜜蜂预言能力的故事。它发生在公元前 208 年卡西诺的公共集会场上。[12]这成了艾米莉·狄金森一首忧郁诗的主题：

犹他州的徽章
路巡逻队的车
上面有蜂巢图案

蜜蜂的嗡嗡声，已经止息；

而另一些

后来的，预言的，

喃喃声已响起。

一年的音步更低了

当自然的笑声结束，

圣书的启示，

创世的六月。[13]

在这里，蜜蜂是来自自然的神谕，是天气的预言家。狄金森把它们与《圣经》中的预言家联系在一起。1847年，摩门教徒在杨百翰的带领下从伊利诺伊来到犹他，在大盐湖谷定居下来。他们把这里称作"德瑟雷特"（deseret）。这个名字来源于一只埃及蜜蜂，这只蜜蜂代表埃及，有时被音译为"德萨特"（dsrt）或"德帅特"（deshret）。《摩门经》中描述了雅列人穿越荒野的旅行。雅列人被认为是摩门人在北美的祖先。他们在寻找承诺之地的过程中，携带着"德瑟雷特"，即蜜蜂。[14] 在《圣经》和《摩门经》中，民族和宗教的迁徙总是和蜂群有关的。蜂巢成了摩门教政治和社会组织的象征。他们的自治主义和一夫多妻制也与他们对蜜蜂行为的观念有关。（不过，在蜜蜂中，一夫多妻是不可能的，因为一次交配之后，雄蜂就会死去。）杨百翰在盐湖城的房子被称为"蜂巢屋"。犹他州的徽章中心有一个蜂巢，并配有文字"勤劳"，该州的口号是"蜂巢之州"。一张非常有意思的照片显示，一

群摩门主教穿着蜜蜂条纹的囚服在1888年去州监狱探视被关
在那里的一个摩门抗议者——乔治·坎农。他因抗议禁止一夫
多妻制的法律而被捕入狱。这群主教以这种方式表达了对他
的支持。他们穿成这样，或许就是为了表明与蜜蜂的相似。

　　某些与蜜蜂有关的民间看法反映了客观事实。亚里士多
德认为蜜蜂是聋的，现在我们知道它们根本没有听力器官。
据说蜜蜂非常害怕打雷和闪电。确实，它们对电场的敏感是
非常有名的。当然，我们无法得知它们是否能真的感到恐惧。
民间流传着一种说法，认为蜜蜂很容易受雪盲困扰，迷路后
经常会降落在雪地上，被活活冻死。[15] 蜜蜂的色觉确实有限，
它们只能看到某个范围之内的可见光：它们主要能感知白色、
黄色、蓝色和黑色。如果蜜蜂非要在雪后出去的话，大雪覆
盖确实会让它们失去赖以导航的地标。不过，雪地上死去的
蜜蜂更有可能是出去排便时被冻死的。工蜂不会在巢中排便，

但是在外面，它们在-7℃时会很快死去。所以，出去排便总是非常危险的，而另一方面，如果不排便，它们很快便会死于肠道疾病。

　　印度教和摩门教曾普遍认为蜂蜜能提高性欲。《梨俱吠陀》中有一段记载，威西努用脚踩出了一个蜂蜜酒的泉眼，涌出的蜂蜜酒能让喝了的人提高生殖能力。不过，更可能的情况是，蜂蜜酒中的酒精能削弱人的性抑制，从而导致怀孕。在芬兰的《英雄国》中，蜜蜂是勇敢的小鸟，它们取来蜂蜜酿制啤酒，并且把蜂蜜涂抹在病人身上。[16]

　　有许多和蜜蜂相关的观念完全是异想天开的，与事实没有任何关系。维吉尔说，蜜蜂在飞行过程中，会在腿中间夹一些小石子，用作战斗的炮弹。这种说法直到17世纪80年代还被英国皇家学会的一名重要成员引用。[17]普林尼曾解释说，被迫在蜂巢外过夜的蜜蜂会躺在地上，以防翅膀被露水打湿。[18]

在凯尔特人和撒克逊人的眼中，蜜蜂是不同世界间的信使。埃及人以蜜蜂的形式来表现灵魂（ka）。鳄鱼喜欢蜂蜜，人们只能在蜂巢前面放上藏红花才能阻止它们。[19] 非洲的桑格人和希腊人一样，直到妇女结婚一年后才允许她们吃蜂蜜，目的是防止她们像采蜜的蜂一样跑掉。在立陶宛，据称地球上有巨大的洞穴，充满了"极大的蜜蜂联合体"的蜂蜜，熊有时会掉下去，并淹死在洞中。[20] 另一方面，据说狡猾的熊也能偷走蜂箱，淹死蜜蜂，获得蜂蜜。16 世纪的博物学者乌利塞·阿尔德罗万迪建议那些想要胡子长得快些的人用烧蜜蜂的灰涂抹下巴。一个世纪后的科学家尼赫迈亚·格鲁推荐用蜜蜂灰做生发剂。[21] 在拉丁语中，代表"欺诈"的词也指"雄蜂"，那些无蜇针的雄蜂（fuci），即假蜂，据说是出生较晚、不健全的蜂。这时的蜜蜂已非常疲劳，无法产下健全的蜜蜂。用无花果的灰覆盖，并缓慢加热可以让死于瘟疫的蜜蜂复活。[22] 如果这种方法不能奏效，蜜蜂和无花果灰的混合物可以当成药物，治疗疼痛和便秘（当然，抗便秘的是无花果，而不是蜜蜂）。[23]

我们自己的蜜蜂传统受到了养蜂历史的重大影响。但是，找蜂和找蜜的技巧也产生了更多的民间传统。欧洲蜜蜂被北美部落称为"英国人的苍蝇"[24]。它们并非美洲大陆土生土长的昆虫。但是，在 1621 年被引进到弗吉尼亚之后，它们在美洲大陆迅速蔓延，到 19 世纪初期时，它们已经在中西部有了充足发展。在这个时期，在詹姆斯·费尼莫尔·库柏的《橡木开口》或《寻蜂人》（1848）中，记载着大量非常专业的在野外寻蜜的方法。这部小说的主人公是一个勇敢的人，绰号"本·嗡嗡"和"雄蜂"。他住在一个被称为"米尔城堡"（这个名字源于"奥米尔庄园"）的简陋木屋中。他的马士提夫獒犬名叫"蜂巢"。在与充满敌意的齐佩瓦族（奥吉布瓦族）对抗的高潮时刻，他用上了他的"蜜蜂定位法"：以三角定位的方法研究不同觅食蜂的蜂线，从而确定蜂巢所在的空心树。

他用这种方法让一群构成威胁的猛士相信他具有与蜜蜂对话的超能力。他说蜜蜂能告诉他蜂蜜的位置，有时也能指

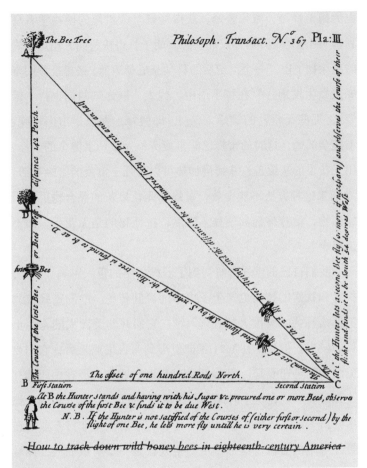

利用蜂线对蜂蜜
位置进行三角定
出自保罗·达德利
《新西兰新方法
述》（1721）。

出熊的位置。那些印第安人非常喜欢蜂蜜，但搞不懂他是如
何寻找蜂蜜的，便相信他是一个具有超能力的医师。"雄蜂"
便用这种影响向他们介绍了基督教和欧洲的文明做法。"雄
蜂"经常把蜜蜂的生活提到道德的高度：研究蜜蜂就像研究
所有野生的东西一样，能产生梭罗式的文明。这就是白人和
美洲自然而又怪异的印第安人（顺便指出，坏的印第安人指

那些在五大湖上游地区受英国人雇用的印第安人）之间的区别所在。和夏洛克·福尔摩斯一样，"雄蜂"从边疆地区回来之后，便建起了蜂巢，带着妻子和孩子们在一个小镇定居下来。古斯塔夫·艾玛德的《觅蜂人》（1864）以西班牙统治下的加利福尼亚为背景。主人公是一个库柏风格的边疆人。他憎恶世人："我的同伴们都是大草原上的野兽。我与你们这些城里人有什么共同点？你们是所有呼吸自由空气的生物的天然敌人。"[25]

几个世纪以来，大众生活中的蜜蜂获得了许多迷信观念。这些观念与蜜蜂的政治意义密切相关，也与维吉尔所赋予它们的文明、虔诚、受天恩等密切相关，也与它们从未间断的自然史的神秘性密切相关。然而，蜜蜂还有另外一面。它具有后启蒙时代的渊源。在这里，蜜蜂对工作持一种轻松的态度，它们甚至偶尔还能表现出幽默感。

第九章

顽皮的蜜蜂

我们都知道，蜜蜂勉强算是既能唱歌又能跳舞。流行文化中能唱能跳的蜜蜂异常可爱。昆虫和其他与人类长相差异巨大的动物都给人以野兽和异形般的感觉。它们通常缺乏哺乳动物有感情的面部表情和行为。它们不大可能被描述为友好、可爱和懂情感的。虽然蚂蚁也被赞扬，是社会昆虫中的典范，但是它们闪闪发光的脆弱外壳并不可爱。除了迪士尼的快乐的蟋蟀吉明尼以外，大部分卡通昆虫要么滑稽，要么凶恶，总之，都不太讨人喜欢。在最近的一部史诗般的昆虫题材的动画片《小蚁雄兵》中，伍迪·艾伦配音的是一个难逃俗套的神经质的细长蚂蚁。吉恩·哈克曼为曼德博将军配音。

　　根据理查德·克莱恩的说法，卡通动物的可爱由三个相互依存的因素决定：小巧、丰满和巧妙的非自然形象。[1] 长着大眼睛、长睫毛的卡通形象就非常受人欢迎，如小鹿斑比，如果是毛茸茸的就更可爱了。像在很多其他领域一样，蜜蜂从动物的形象变得人性化了。蜜蜂毛茸茸、圆墩墩，长着大眼睛，尤其熊蜂鼓鼓的大眼睛，萌态十足，给人一种非常友好、柔软和无害的感觉。维多利亚时代的人是多愁善感的，他们促成了一种追求可爱的蜜蜂图案的风尚。例如，亨利·比尔曾描写了一只喝棕榈酒而酩酊大醉的熊蜂：

（左图）可爱的真蜂。

（右图）蜜蜂的卡通形象：小巧、丰满、讨人喜欢的非自然形象。

它腰间的金腰带，
几乎无法束住，
那装满金银花蜜的腹部，
玫瑰酒和香豌豆酒，
已注满它圣歌萦绕的灵魂。[2]

但是，即使是粗心的熊蜂，也要在潇洒一晚之后应对第二天的早晨。它的醉歌变成了低音贝斯发出的喃喃声，那是可怜的抱怨声。沃尔特·惠特曼则不太可能是这首诗的倾慕者，他在自己的一篇散文中描写了一个夏日：

我被包围在熊蜂的乐曲中，它们成百上千地在我身旁盘旋，飞掠而过。这些大块头，穿着金黄色的夹克衫，闪闪发光。它们身体肿胀，脑袋短粗，翅膀像纱一样。它们进食的方式，让我安心……这

些熊蜂在小巷中飞掠，发出嗡嗡的乐声。又有一群
在我回家的路上陪在我身旁……郁金香花朵在流淌
着花蜜，招引无数的蜜蜂。它们巨大、稳定的嗡嗡
声足以胜任任何音乐的伴奏。[3]

总体来看，艾米莉·狄金森喜欢忧郁、有凶兆的蜜蜂。但
是，她也并不排斥"嗡嗡叫的海盗"的魅力。她用这个绰号，
指出了蜜蜂的一个几乎是哺乳动物才有的特点——愉快的像
猫一样的咕噜声。在一个挣脱苟延残喘的清教主义限制而获
得文化自由的宣言中，她把略带伤感的采蜜场景和诗人 / 蜜蜂
几乎英雄式的能力交替使用：

来自珍珠镂空刻制的酒觞，
我尝到了一种从未酿过的酒；
莱茵河上所有酒桶都没有
流出过这样的琼浆！

我陶醉于空气，
又钟情于露滴，
从闪着蓝光的酒吧
踉跄而出，穿过漫长的夏日。

当房东把醉醺醺的蜜蜂，
赶出土黄色的家门；
当蝴蝶放弃它们的酒浆，

我却要多斟多饮。

直到天使们晃着雪白的帽子，
圣徒们也奔到窗前，
瞧这小小的贪杯者，
斜倚着太阳！[4]

　　她把自己想象成一只摒弃了职业道德的蜜蜂。长久以来，
蜂巢与她在新英格兰的祖先所信奉的毫无幽默感的加尔文主
义，就有着千丝万缕的联系。在此处，它被隐匿在极其兴奋、
无所事事的蜜蜂形象之下。狄金森也把自己想象成畅饮花蜜、

酗酒的蜜蜂，出自
白特·法兰克姆
《寓言：蜜蜂与
蜂》（1832）。

盗窃花粉的蜜蜂，因异端邪说而大为激动。她或许会支持 20 世纪末美国的小啤酒厂研发"蜂蜜啤酒"，这不是蜂蜜酒，当然更不是蜜蜂的良饮——蜂蜜。它是一种为现代人爱甜的味蕾设计的掺假的啤酒。狄金森甚至还会因为英国的啤酒制造者杨氏（Young's）引入一种新蜂蜜啤酒——"摇臀舞"（"只需一口，你的味蕾便舞动一整天"）而欣喜若狂。后者是不多的例子之一，它将产品的品牌宣传与酿蜜的真实特征结合在一起。蜂蜜是 1832 年一首诗中一只乡下熊蜂被一只狡诈的城市胡蜂欺骗的原因。这首诗的作者是罗伯特·法兰克姆，他在诗中借用了乡下老鼠和城里老鼠的古老主题。这只肥胖的蜜蜂最终死于因过量饮用自酿饮料而造成的猝死。[5]

在阿瑟·阿斯基的《蜜蜂之歌》中，蜜蜂受到取笑，因为它们收集菜花的花粉，建造牛肚一样的蜂巢。但是，阿斯基宣称，无论蜜蜂的劳动被贬低成何样，它们总能保持文明："蜂巢中的蜜蜂一定会懂得德行。"[6] 威廉·吉尔伯特创作了一个维多利亚时代蜂王的漫画形象，采用了"并不好笑"的风格。蜂王手下的工蜂毕恭毕敬地向它建议能否有一丁点儿的分巢。蜂王的回答非常让它们失望：

> 蜂王开口道：
> 这事由我定。
> 哪个敢乱言？
> 何时分巢，
> 由我来通知。
> 哼、哼、哼、哼。

女王陛下皱眉头，

放下脚，直起背，

怒气冲冲不吃喝。

哼、哼、哼、哼。[7]

冥顽不化的彼得提醒同伴们不用向暴政低头。它说即使
没人加入，自己也要分巢。女王和其他蜜蜂认定彼得一定是
喝多了雪利酒。只有这才能解释它为什么如此癫狂。通常情
况下，蜜蜂是行事妥当的。但有时它们也会让人恼怒。比如，
爱德华·利尔笔下年老的特拉利就因为蜜蜂而心烦。这些动物
唯一的罪行是发出嗡嗡声。这让我们对这位尖刻的爱尔兰人
失去了同情。对诗人和我们大多数人来说，它们的嗡嗡声是
夏日令人愉悦的伴音，是它们天真无邪的体现。[8]

在 20 世纪之前，在大众思想中，鲜有真正粗野、兽性的蜜蜂。爱德华·利尔明显是在用蜜蜂长期以来的美德逗乐。蜜蜂人格化的勇敢品质则被罗伯特·柯克在 1937 年的一首短诗中用作讽刺对手的利器。他说自己的奚落奈何不了对方，但蜜蜂的蜇刺却能让他疼痛难忍：

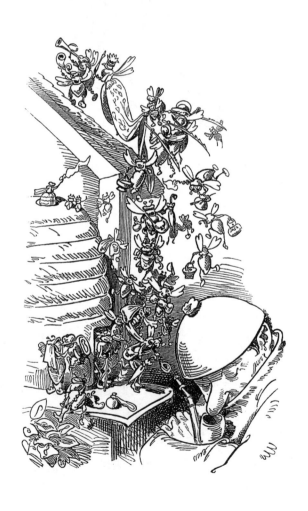

正直的"正确
出自美国电视
《嬉戏屋》（*Ro*
Room）。

144

诗人是像我一样智慧的人，
但只有上帝才能创造蜜蜂！[9]

　　这只蜜蜂的蜇刺比任何奚落更加有效。它至今仍是正义
之蜂，仍在刺痛诗人的对手。它也是诗人自己的化身。蜜蜂
作为讽刺家的形象在冷战时的美国被改变成了一种教化力量。
在跨越 20 世纪 60 年代和 70 年代的儿童电视节目《嬉戏屋》
中有一只"正确蜂"。正确蜂（既有一个动画形象，也有一个
演员穿着蜜蜂的服装）劝导人要谦恭有礼，多思考。好孩子
是"正确蜂"，淘气的孩子是"错误蜂"（爱皱眉头、爱抱怨
的蜜蜂）。插曲中唱道："一定要做正确蜂，千万别做错误蜂。"
小孩子们（包括作者）要提起注意。《嬉戏屋》已经不再播
出。不过让人感到慰藉的是，今天的孩子们在家和学校都有
"蜜蜂式生活地毯"。上面有很多微笑的蜜蜂督促他们要有蜜
蜂一样的礼貌，要像蜜蜂一样快乐，要像蜜蜂一样善良。他
们也可以去"蜜蜂学校"上学。这是一种由美国基督教教育

基金会建立的学校。不幸的是，双关语"蜜蜂式生活"非常容易让人把戒条和八福搞混。[1] 喜剧演员杰瑞·宋飞是美国婴儿潮后期出生的人，是伴随着《嬉戏屋》长大的。不久，他将要在《蜜蜂总动员》中作为主要配音演员。这部电影的场景是人格化的蜜蜂世界，类似曼哈顿。古老的传统在这里再次恢复生机。在新闻发布会上，宋飞解释说蜜蜂的社会非常让他着迷，这是世界上运转最和谐的组织形式，他很高兴马上就要成为它们中的一员。[10]

1 "蜜蜂式生活"英语是bee-attitu……而"八福"的英语……beatitude，前者是……诚，后者是天福，……有此说。

第 十 章

蜜蜂与电影

我们称它们为杀人蜂，

桑地诺解放阵线称它们为"自由斗士"。

一个不信上帝的马克思主义者组成的"邪恶王国"，

怎样才能阻止它们？

当它们把马克思主义的花粉在花丛间传播开的时候，

它们污染了我们纯洁、完全美国式的蜜蜂。

美国啊，你一定要铭记，

它们是红色的蜜蜂，只有工蜂，没有雄蜂。[1]

从何时起蜜蜂变成了威胁、灾难和恐惧的标志？在17世纪60年代显微镜技术发生革命性的变化之后，在美国奥古斯都时代的作品中，昆虫变成了令人厌恶的形象。它们被放大的解剖结构在博物学家的版画中被刻画得十分细致。罗伯特·胡克的《显微术》（1665）分别展示了放大的跳蚤和虱子。跳蚤的图片长宽各有30厘米，而虱子的图片竟然长达60厘米。蒲柏、斯威夫特、吉本和伯克表达了对这些群体悖德、肮脏的行为和这些忙碌但又下贱的虫子的厌恶。[2]在《致高贵的阁下的一封信》（1795）中，伯克把古代牛生蜜蜂的故事改成了

廉·登特创作
幅漫画中，右
个人据说是埃
·伯克。他是
反对法国大革
雄辩演说家。
在打翻一个象
兰西共和国
6）的蜂巢。

一些具有造反精神的昆虫以不可抗拒的方式从被它们毁掉的
国家中产生出来。[3]昆虫一直以来就是害虫。不过，它们又得
到了一些令人恐惧的丑陋的坏名声。弥尔顿笔下别西卜（字
面意思是"苍蝇之王"）率领的堕落天使们让人的身心都非常
不爽。

　　然而，蜜蜂和蚂蚁却曾经不在这个耻辱的名单之列。所
以，当20世纪的恐怖电影把现代之前足以作为榜样的尽职的
蜜蜂的形象完全颠覆时，那绝对是另一个完全不同的模式。
它是从浪漫主义者对工业革命的抨击开始的：柯勒律治、卡
莱尔、华兹华斯和罗斯金，这些所谓的"浪漫生态学者"[4]，
对自然/制造、农业/工业、户外/室内等进行了对抗性解读，
以此来说明工业化对个人自由和幸福造成的影响。华兹华斯
在《漫游》中对工厂进行了贬低。他指出，在那里，每个个

体都戴上了重复、残酷和野蛮任务的枷锁，微风的愉悦、阳光的造访消失殆尽。[5]罗斯金厌恶劳动分工，他认为这把人类变成了碎片和生活的碎屑，这把他们与任何公共或社会性的冲动和结果割裂开来。[6]

在表达对工业进程的力量和人性消失的忧虑，和对助推它的资本主义冲动的忧虑（它把个体变成了一部巨大的生产机器上可替换的零件）时，作家们经常提及蜜蜂组织的特点，这种特点让 19 世纪的观察者越来越感到不安。蜜蜂的合作精神在过去是无法超越的道德标杆，现在开始变成了过于激进的、令人胆怯的"无我精神"，是蜂巢中无名的、完全同样的零件，而蜂巢几乎与铸币厂无异。1851 年之后朗斯特罗思发明的可移动巢框和其他创新似乎进一步推动了养蜂业的工业化，以至于 19 世纪中后期的蜂巢确实像工厂一样。正如布莱克所说的，在那里"生命的艺术变成了死亡的艺术"[7]。卡莱尔曾把处理蜂蜡比喻成铸币厂中处理金属。[8]

关于暴民行为，柯勒律治说人群就像蜜蜂一样，会随着量的积累而升温，从而变得不安和易怒。因此，在德语中，"狂热"一词来源于群集的蜜蜂，即 *Schwaermen, Schwaermerey*。[9]至少从 18 世纪 80 年代起，具有反抗倾向的暴民，以及他们的行动，受政治和社会不满所支配的不守规矩的人群，变得尤其让人恐惧。卡莱尔和伯克也使用 *schwärmerei*（意为群集，或引申为显示出过度的热情、咆哮）一词来描述法国大革命中暴民领导的事件。人们感到工业进程像死亡一般，不具人格，不可控。这种感觉与对群体和产生群体的"无我"机制的恐惧结合在了一起。这种结合在后来机械化、电子化的现代社会组织形式中继续保持，并进一步扩展。在现代社会组织中，"意识和自我控制已经让位于非人力可理解的、跨国的、巨型机器的谋生手段和技术逻辑……文化变成了机器，无论何时，只要人类自愿地与机器合并在一起，或者是把自己融入机器中去，那便等于死亡"[10]。

爱德华·佩利在 1831 年一本反卢德运动的小册子中用一则寓言鼓励工人去接受新工业化进程。在这则寓言中，一些蜜蜂因为误用了一部极好的酿蜜的机器，又因为它们的行为狂乱、管理糟糕而陷入麻烦。蜂王对它们说，它们只能怪自己，而不能把责任推到机器上。这则寓言的寓意是："机器是朋友，而非对手。机器让人们得到休息，而不是变得懒惰。它能为穷人增加财富。"[11] 现代社会同样的工业和经济逻辑在戴维·沃延的一首诗中得到了较为怪异的表现。这首诗叫《养蜂人》，开头提到了彼得·勃鲁盖尔同一题材的一幅画。后来才得知，画中的防蜂服让诗人想到了纽约市的波兰籍石棉拆除者缺失的防护服。这些工人在美国的繁荣中尝到了一些甜头，但已经表现出致命的石棉沉滞症或间皮瘤的症状。从曼哈顿西区公寓楼墙上拆除下来的石棉被比喻成丑陋的蜂蜜板。在此处，蜂蜜和蜜蜂的必死性变成了一种关于危险工业产品和一种为集体利益而牺牲工人的做法的无情、有毒的历史。[12]

然而，与蜜蜂有关的令人不安的真相并没有使人们形成完全统一的厌恶的态度。A. I. 鲁特是美国的一位专业养蜂人。把蜜蜂与暴力、愤怒等联系在一起的行为引起了他的不满。在他的百科全书中，关于"对蜜蜂的愤怒"这一词条，他写道：

相反，蜜蜂是动物界中最令人愉快的，社会化程度最高的，最和蔼、温厚的小家伙。在人类当着它们的面撕毁它们美丽的蜂巢后，它们会没有一丝怨言地、充满耐心地开始修补它。[13]

彼得·勃鲁盖尔，《养蜂人》（16 60年代）。还有一说，这幅墨水画表现的是盗蜜者。

浪漫主义者的审美思想为蜜蜂营造了一种麻烦、被奴役和无头脑的形象。这为 20 世纪后的蜜蜂劳动笼罩了另一种氛围。但这对鲁特、朗斯特罗思这些养蜂实践者影响并不大。牧师洛伦佐·朗斯特罗思在 19 世纪 50 年代为他的有可移动巢框的蜂箱申请了专利，但随后又把他的设计图大量印刷，方便其他人复制。这简直就是蜜蜂无私和仁爱行为的翻版。阿莫斯·鲁特明确地表达了他的养蜂行为与基督教信仰之间的联系。他创建的公司仍然在俄亥俄州的麦地那运营着。该公司是一个先驱者，很早就进行蜜蜂包装，生产优良蜂蜜储存设备、优质蜡烛；如今公司发展为集团，拥有一家出版社，从1884年开始出版《蜜蜂文化的方方面面》，这本杂志到今天仍在更新出版。鲁特集团也是著名的敬畏上帝的公司，并沿用17世纪清教徒的模式。然而，哈特·克莱恩的思想把新旧两种观念结合在一起。在具有搅动性的新观念中，蜂巢被看成无休止的、无情无义的机器。在旧观念中，蜜蜂与神有着千丝万缕的联系。克莱恩说，人心是"世界的蜂巢"，尽管其中有痛苦，但流溢出来的依然是仁慈、蜂蜜和黄金般的爱。[14] 简言之，在过去的两个世纪中，蜜蜂的形象变得不稳定。克莱恩这样的诗人，能够把维吉尔式的良好蜜蜂形象与新兴的拙劣、令人不安和不具人格的蜜蜂形象结合在一起。

在几千年的传统中，蜜蜂拥有众多的我们期望在人身上见到的优秀品质。所以，我们已经习惯了它令人着迷的形象。它以人类行为、哲学和信仰的方式来解释蜜蜂杰出的社会组织。蜜蜂的特点被解读为空间、社会和道德的秩序的标志。直到19世纪中叶之前，蜜蜂从未因数量被解读成具有威胁性的群体——集体意志无法撼动和解释的暴民。20世纪，埃利亚斯·卡内蒂在他颇具影响力的群体理论中，拓展了1817年被柯勒律治称为"与判断力相对的热情"的概念。令人不安的是，蜜蜂的社会很自然地便可套用他的理论来描述：蜂群总是想要扩大规模。不过，与群体不同的是，蜂群的规模可以在养蜂人和蜜蜂两相情愿的情况下得到控制。在群体中，所有成员都平等这一特点在暴民危险的"无我状态"中发展得很快。这种平等也表现在蜂巢之中。在这里，除了遥远、处于隐居状态的蜂王之外，蜜蜂之间并无等级差别。正如卡内蒂所说，群体与蜜蜂的密度是类似的。群体在出去执行任务的时刻最能体现它的密度。分群的蜜蜂就是外出执行任务，它们共同的目标（找到一个新蜂巢）激励着每个成员。当这一目标实现之后，蜂群就会改变它的行为方式。和分群的蜜蜂一样，群体存在的前提是未达成的目标。卡内蒂指出，对于解体的担心让群体可以接受任何目标。因为蜜蜂的目标是群体意识和行为，而且它们受到群体意识和行为的支配，这使它们在分群时可以繁殖起来。[15]

早在18世纪，当显微术继续发展，博物学家对探察蜜蜂的真实情况失去兴趣时，人们可以越来越清楚地看到与蜜蜂有关的传说，被降格分类为寓言、儿童故事和粗糙的民间信仰。在蜜蜂的政治意义经历了漫长的历史之后，在19世纪70年代，第一代拜伦·埃夫伯里男爵约翰·卢布克对社会昆虫所做的实验是中性的。这一点既让人伤心但又是必然的。因为卢布克和其他一些人相信蜜蜂一定具有某种交流能力，所以他努力通过测量它们的智力寻找它们传递食物场所信息的方法（答案当然是冯·弗里施所描述的舞蹈）。卢布克的实验没有取得任何结果。在他的实验中，似乎没有任何一只蜜蜂能够或是想要把它的朋友带到有食物的地方。除了提到蜜蜂太容易激动而无法配合实验，以及雷雨天气让它们情绪不好以外，卢布克对蜜蜂的情绪并不感兴趣。[16] 不过，他引用令人尊重的现代蜂箱发明者朗斯特罗思的说法，评价说蜜蜂在抢夺其他蜜蜂的成果时完全不讲良心：

在专家眼里，蜜蜂在偷盗时的表现是非常典型的。它们鬼鬼祟祟，神情紧张，有着负罪者的不安。就像是熟练的警察能判断扒手的动作一样，专家们一旦见到过这种表情，以后一定不会错认。[17]

卢布克和朗斯特罗思都没有解释蜜蜂怎样表现出负罪的样子。卢布克也引用朗斯特罗思的说法谈到了蜜蜂对蜂蜜的渴望：

除非你见过糖果店被数不尽的蜜蜂袭击的景象，否则你不会理解它们的迷恋程度。我曾经见到过数千只死亡的蜜蜂从糖浆中被拉出来，依然有数千只正往滚开的糖浆中降落，地板上满是蜜蜂，窗户也被它们遮住了。有些在爬，有些在飞，还有一些身上沾满糖浆，既不能爬，也不能飞。只有不到十分之一的蜜蜂能带走非法所得。然而，空气中还充斥着数不尽的毫无头脑的其他蜜蜂。[18]

巧合的是，卢布克还在1871年有了另一项创新——一项有关银行假期的议会法案。这项法案旨在确保从业者的利益。卢布克非常关心他们的利益。蜜蜂没有假期，从不间断地工作。这或许是卢布克这一政治理念的灵感来源。

在朗斯特罗思、卢布克、约翰·德泽松、查尔斯·达丹特、A. I. 鲁特、摩西·昆比、弗朗索瓦·胡贝尔等人的中立性实验和实践性工作之后，莫里斯·梅特林克仍然在 20 世纪初盛赞蜂巢的政体形式和蜜蜂的人格化倒是有些让人惊讶。他久负盛名的《蜜蜂的生活》（1901）把颇具天真色彩的浪漫主义与来自科学家的最新信息融合在一起。这个混合物似乎极不情愿地在两个因素之间摇摆。一个因素是自己对蜜蜂的实际理解，另一个是难以抗拒的来自诗歌的冲动，一种试图以人类的智慧和感情来刻画蜜蜂的冲动。他说，蜜蜂教给我们的是"热情和无私地工作"。我们早就从赫西俄德那里学到了这一课。它诞生于对"蜂巢的天才"的神秘理解：以"广阔的，甚至是难以感知的"未来为原则。[19]梅特林克宣称："蜜蜂的上帝就是未来。"成功维持和拓展后代，也就是把蜂巢作为一个整体来延续是蜜蜂个体的终极目标。这让它们牺牲自我，工作至死，生产自己可能根本无法品尝的蜂蜜，滋养根本不是自己生下的后代。[20]他不无道理地指出，一个社会的组织程度越高，个体自由的受限程度越高。这是被霍布斯以蜂巢为例证明的真理。在蜂巢中，这些"辛劳的处女"（霍布斯对蜜蜂的称呼）放弃了爱和生殖，换得了家庭、经济和政治的安全稳定。他对蜜蜂行为令人着迷偶尔又非常怪异的分析使他陷入了两个极端——欣赏和忧郁。他写书的目的是要我们警惕"几乎完美但又无情的蜂巢社会，在那里个体完全消失在公众之中，而公众又转而牺牲于抽象和永恒的未来之中"[21]。他声称，蜂巢是按照集体比个体的幸福还要重要的法则运行的。尤其令人印象深刻的是被他称为"英雄般的放弃"的分巢行为。[22]分巢蜜蜂放弃安逸的蜂巢，寻找需要白手起家的新巢。此前，霍布斯对蜜蜂的态度有两个来源，其一是传统中蜜蜂的文

明形象，在这种让人舒适的传统中，蜜蜂传递出的信息是无
私、维护公共利益、姐妹般的帮扶意识。他对蜜蜂的态度的另
一个源头是，日益盛行的对社会昆虫尤其是蜜蜂的让人不舒服
的看法。在这种看法中，它们是一个非理性的群体中具有威胁
性的、机器般的、毫不用心、毫无思想的成员。蜜蜂英雄式的
分巢行为让霍布斯的态度发生了转变。[23]

　　稍后，鲁道夫·斯坦纳用他的蜜蜂共生理念提供了另一
个版本的态度转变。斯坦纳声称，蜜蜂在生产蜂蜜的过程中
提炼和汇聚了宇宙的能量，而这些能量被那些食用蜂蜜的生
物吸收。他通过数字命理学把不同等级蜜蜂的妊娠期（实际
上毫无意义的概念）与自然力联系在一起。工蜂 21 天的妊娠
期与太阳自转的周期相同，说明它们是"太阳动物"；雄蜂
是"地球动物"；而蜂王的妊娠期是 16 天，小于太阳 21 天的
自转周期，因此它是"太阳的孩子"。斯坦纳眼中的蜜蜂与古
老传统中的蜜蜂有着共同点：它们都是神的信使。尽管如此，

在20世纪30年代
他州的卡什县，
纳德·吉尔的养蜂
业为恶劣的天气
毁。美国农业安
局的复兴贷款计
帮助他重启事业。

斯坦纳的蜜蜂还是失去了"人性"。它们也不是机器，而是至关重要但非人性的自然力的携带者和传递工具。斯坦纳认为向自己读者中的瑞士养蜂人（多尔纳赫的养蜂人，碰巧在拉绍德封附近）传递了什么，以及这些人理解了什么并没有被记录下来。[24] 但是，这仍不失为一个有趣的现代例证，证明了人类思想史上赋予蜜蜂的道德和抽象意义。

梅特林克和斯坦纳都为我们提供了有趣的历史视角。梅特林克兼具热情和颓废的态度不仅来源于浪漫主义者，而且来源于乌托邦的计划，以及马克思主义。20 年后，斯坦纳的理论促成了一个准哲学式的邪教产生。斯坦纳似乎抛弃了蜜蜂真实生活的知识（他的确具备的），纯武断式的臆测成了替代品，目的是蛊惑他的受众，并非真要给他们提供任何有实际用途的东西。在讨论蜜蜂时，实用性的下降是 20 世纪蜜蜂话语中标志性的变化。

在 20 世纪下半叶，邪恶的蜜蜂形象诞生了，主要与两个历史事件有关。第一个是生物学意义上的。人们早就注意到西方蜜蜂在亚热带和热带地区并不兴旺。因此，在 20 世纪 50 年代中期，巴西的遗传学者沃里克·克尔尝试着找一些办法提高南美洲蜂蜜的产量。他听说南非的养蜂人利用非洲亚种（*Apis mellifera scutellata*）在类似气候中获得了很高的蜂蜜产量。人们知道这些蜜蜂比西方蜜蜂攻击性强一些，但是他推测，通过异种交配产生的杂交蜜蜂英国-非洲亚种要温和得多，而又能保持在热带地区产蜜多的特点。在 1956 年，克尔从南非和坦桑尼亚引进了一些蜂王，最终挑选出 35 只在巴西进行杂交。1957 年，由非洲蜂王带领的杂交种群被放置在圣保罗森林中，并且开始繁殖，新蜜蜂都是"非洲化"的杂交蜂。然后便发生了一个微小但能造成灾难性后果的错误。一个工作人员撤走了入口处的挡板（一个简单的装置，能把身体较大的蜂王限制在蜂巢内），26 个非洲化的蜂巢便发生了分巢。

这些非-欧杂交的蜜蜂并没有预期的表现：欧洲亲本的大部分特性变成了隐性的，非洲亲本的特性得以发扬光大，杂交后的蜜蜂表现出了极强的适应性。顶部加了继箱的现代蜂箱，给成功的蜂群提供了更多的繁殖后代和储存蜂蜜的空间，目的就是把蜂群留住。当蜂群的规模过大时，其中的一部分便会在蜂王的带领下离开蜂巢，找一个地方重新开始。留下的规模变小的蜂群会重新孵化一个新蜂王，补充工蜂。因此，分巢是一种以分家为手段的繁殖方式，是养蜂人极为反感的。养蜂人希望蜜蜂能留在原地，把精力放在生产蜂蜜而不是繁殖上。非洲化的蜜蜂非常令人失望：正如后来的研究所显示的，它们不但攻击性更强，而且具有通过分巢快速繁殖的倾向。因为没有越冬的担心，它们不存在储备大量蜂蜜的压力。所以，现代继箱提供的扩大的储蜜空间对它们来说是无意义的。但是，因为它们的基因中具有掠夺的冲动和超强的适应性，非洲化的蜜蜂比它们的西部近亲繁殖快得多（较大规模的蜂蜜储量不仅会吸引抢夺者，还会因为需要较多的保卫成员而降低蜂群通过分群而繁殖更多成员的能力）。分群机制是实现高繁殖率的方法（或者说是结果）。杂交蜜蜂突出表现出来的特点便是超强的分群趋势。这确保了它们的领地得到稳定的扩展：从 1957 年最初的逃逸开始，在新蜜蜂蔓延的过程中，南美洲的西方蜜蜂被逐渐杂交化。它们占据的范围以每年 300～500 千米的速度扩大。1975 年占领了法属圭亚那，1986 年占领了墨西哥南部，1990 年占领了美国得克萨斯南部。到 2002 年非洲化的蜜蜂已经占领了加利福尼亚南部、内华达南部、亚利桑那、新墨西哥南部。有些科学家预测它们还会继续向东、向北扩展，但是它们的进程最终会被气候阻止：它们储存的蜂蜜不足以越冬。但是，在已经占领的区域里，它们表现出了一些问题，而这些问题在人们的思想中被极大地夸大了。虽然与西方蜜蜂比较起来，它们的毒素并没有增强，但是它们偶尔会表现出大规模袭击的倾向，而且它们有可能追击被它们认定为入侵者的对象远达 1 千米。这些行为都是西方蜜蜂所不具备的。虽然对人发起大规模袭击的事件十分罕见（据估计造成的死亡率是 2.1/1 000 000），但是非洲化的杂交蜜蜂已经获得了一个神话般的名称——杀人蜂。[25]

把蜜蜂妖魔化的第二个事件是一个政治倾向。在战后美国，对共产主义的几近疯狂的恐惧是非常普遍的。这种恐惧既有军事方面的，也有心理方面的。个人自由至上的美国价值观与社会主义中个人服从国家的价值观形成了鲜明的对立。此时，一名苏联昆虫学家批判一名美国的昆虫学家，因为后者说蜂巢的运行模式就像是华尔街的公司一样：由一些控制公众看法的"秘密蜜蜂"形成的董事会掌控。苏联的昆虫学家祝贺他的同胞中的养蜂人，因为他们意识到了在资本主义的末世，自然不会遵守资本主义的结构。他主张说，蜜蜂会通过激进的、共产主义的文明行为来协助苏联人民改造世界的意识形态和农业方面的斗争。[26]

蜜蜂与"邪恶"的社会主义分子之间隐约的相似性被好莱坞以其典型的毫不掩饰的方式演绎出来。从 20 世纪 50 年

亚阿尔泰地区苏
素体农庄上的孩
门品尝蜂蜜（20
纪30年代）。

以蜂巢形式存在
未来城市，出自
里茨·朗1927年
电影《大都会》。

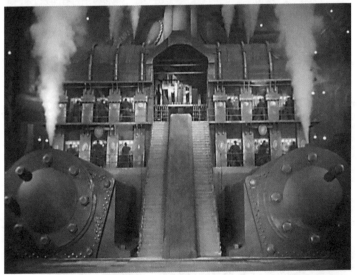

《大都会》中在小
间中工作的工人。

代开始，蜜蜂就成了恐怖和科幻电影中的怪物，如《神秘岛》
（1951 年摄制，1961 年重拍）中的巨型蜜蜂。曾经微小的机器
人现在能建造足以容纳人类的蜂室，它们的力量足以捕获和

囚禁故事中勇敢的主人公。人类劳动的机械化、对暴民的恐惧、科学社会主义的崛起，以及之后反社会主义和种族情绪的融合一直浮现在电影的历史背景中。多种观念的合并最初体现在最常见的令人不安的所有昆虫中，再到后来蜜蜂成为主要对象。弗里茨·朗的威尔斯风格的《大都会》（1927）构想了2000年的未来之城。在城中，工人们被囚禁在地下工厂中，在狭小、多层的小房间中做重复性的工作。蜂巢中严格的等级制度在莱妮·里芬斯塔尔的影片《意志的胜利》（1935）中被反映出来，其中还有纳粹全国党代会的镜头。

　　非常容易与蜜蜂和蜂巢联系在一起的政治和社会比喻在这一时期明显变得令人不安。维克多·艾里斯的邪典电影《蜂巢幽录》（El Espiritu de la Colmena）是以弗朗哥政权初期为背景的。这部电影把这种不安特意与蜜蜂对接。电影中经常出

都会》中像蜜蜂
　的工人。

现玻璃蜂巢的镜头和反法西斯主义的养蜂人的画外音，指出蜜蜂在仁慈君主统治下所表现出的礼貌和勤劳终有一天会走入暴政的荒原。因为缺乏个人意志和愿望，它们的公共行为既是令人兴奋的，同时也是令人不安的。蜂巢变成了弗朗哥政权下工人被引诱犯罪的形象代表，同时也是一个模糊的比喻，指向共和精神。

在 20 世纪 60 年代的恐怖电影中，暴徒杀手和共产主义者的群集合并在一起。电影《走着瞧》（1964）改编自埃德加·华莱士的小说，里面就有一起被蜜蜂蜇死的谋杀。电影《致命蜂群》（1967，编剧是精神分析作家罗伯特·布洛克）描写了一个善良的养蜂人对抗一个养育杀人蜂的邪恶养蜂人。在这两部电影中，蜜蜂只是邪恶人类的工具。这一主题在《杀人蜂》（1974，同名电影中的第一部）中得到了延续。在这部具有异域情调的电影中，葛洛丽亚·斯旺森扮演了一个具有强烈支配欲的女主人，她能对葡萄园中的蜜蜂进行心理控制。这部电影延续了把蜂王视为凶狠、专横形象的比喻。这一比喻早在 1955 年琼·克劳馥的《蜂后》中便是主题，其中的蜂王无情地操纵着它手下的众蜂。《黄蜂女来袭》中的主角是一些使用辐射处理过的血清便能呈现蜜蜂特征的女人，特征之一是在性交结束后便将男人杀死。但是，这个下流的蜂后在制造恐怖方面与之后毫无理性的蜂群相比只能甘拜下风。20 世纪 70 年代生产了许多与蜜蜂有关的恐怖电影。在《野蛮蜜蜂》（1976）中，杀人蜂在狂欢节期间杀死大批新奥尔良人。著名的糟糕电影《杀人蜂》（1978）也位列其中。在这部电影中，迈克尔·凯恩注意到蜜蜂杀死了士兵、学生和恐慌的

（图）1934年的纽
伦堡大会，出自莱
尼·里芬斯塔尔1935
年的影片《意志的
胜利》。

（左图）阿尔弗
雷德·扎卡里亚斯
1978年的电影《变
异蜂王》的宣传
照。

（右图）《变异蜂
王》电影海报。

165

家庭，它们还袭击核电站，毁坏整个休斯敦。值得得克萨斯庆祝的是，美国陆军工程兵团利用雾角模仿雄蜂求爱的声音把蜜蜂引诱到墨西哥湾中的一片浮油之上，把它们付之一炬。这部影片的政治倾向在片尾的免责声明中暴露无遗：本片刻画的非洲杀人蜂与勤劳的美洲蜜蜂毫无关系。[27]《来自天空的恐惧》（1979）中被蜜蜂袭击的孩子就更多了。滑稽电影《变异蜂王》（1978）情节愚蠢到了挑战人们信仰底线的地步：美国受到了环保斗士蜜蜂的入侵，它们试图拯救环境，矫正人类对它们这个物种的不公正的开发利用。它们在足球比赛中攻击成千上万的人，搅乱了一场盛大的比赛。它们袭击纽约的联合国总部，提交它们的提案。后来，一位科学家找到了一种化学物质把它们都变成了同性恋才把它们制服。

不幸的是，政府试图阻止真正的蜜蜂北进的计划并没有那么稀奇和令人恐惧：一条 80 千米宽、按照美国的倡议用马拉硫磷灌注、像辐射带一样的障碍带，和一条沿巴拿马运河以汽油为燃料的火焰喷射带。同时，著名的杞人忧天者伦纳德·尼莫伊（通常被称为《星际旅行》中的斯波克，后来得到官方认可）在 1976 年在美国的电视台推出了一部轰动一时的杀人蜂纪录片，助长了人们的恐惧。

在人们的品位中，蜜蜂仿佛突然表现出了完全不可解释的野性。在达里奥·阿金图的《神话》（1985）中，一个女孩能够与包括蜜蜂在内的昆虫交流。就像影片的宣传片表现的那样，小女孩在报复一个谋杀者的过程中，招来了"数以百万计的亲密伙伴"助阵，它们猛烈地发动群攻。《糖果人》（1992）以克里夫·巴克的故事为原型，里面有一则都市传说。

一个被释放的奴隶竟敢与一个白人女孩发生性关系。作为对他的惩罚，他被一群人涂抹上蜂蜜，被蜜蜂活活蜇死。自此之后，他的鬼魂便出没在芝加哥的卡比利尼绿地——美国最贫穷的都市贫民窟。在这部影片中，有两种因素联系到了一起。第一种是令人胆怯的大众行为（凶残的蜜蜂群）和对黑人的恐惧之间的结合。第二种是隐藏在杀人蜂现象之中的种族恐惧和有些古老的反叛传统。这个奴隶的鬼魂变成了"糖果人"游荡着，由蜜蜂陪伴（实际上是侵扰），专门挖取白人妇女的内脏。其中的细节非常有意思，也富于煽动性。在传说中，蜜蜂是奴隶的死亡代理人，暗示杀人蜂在行动（虽然出现一个沾满蜂蜜的物体时，蜜蜂会聚集起来把蜂蜜取走，弄回巢里，而不会毫无意义地乱蜇一通，造成巨大浪费），受害者是黑人自己。就像报复性的杀人蜂一样，这个奴隶的灵魂也是被反抗压迫者的意愿驱使的。巴克最初的故事是以利物浦为背景的。他的灵感来源于对泰莱贸易有限公司徽标的思考（蜜蜂从狮子的尸体中出现）。《糖果人》也曾设计过一张让人印象深刻的广告宣传画，画中糖果人的口中爬出了蜜蜂，这明显是照应尸体中呈现甜蜜这一古老的故事。美国版的电影虽然有些粗糙，但似乎在同时操控种族偏见和种族罪恶。一方面涉及非理性的暴力（尤其是黑人男性针对白人女性的暴力），另一方面也涉及有目的的种族报复，而这在某种程度上是合情合理的。

　　许多节目嘲讽了人们对非洲蜜蜂的恐慌。在美国的电视节目《周六夜现场》中，喜剧演员穿着蜜蜂服装，装扮成脾气暴躁、荷枪实弹的墨西哥匪蜂，讲着吸引人的冷笑话。在迈克尔·摩尔导演的《科伦拜恩的保龄球》（2002）中，一段影片内的卡通片展示了"非洲"蜜蜂入侵美国的情形，它们带来了"可怕的"共产主义思潮，像热带瘟疫一样蔓延开来。无伴奏多声部合唱组合包博思也加入嘲讽的队伍。本章开头处就引用了它的歌曲《杀人蜂》。有趣的是，所有这些嘲讽都是由美国北部（密歇根、新罕布什尔和其他美国东北部的州）的人创作的，那里根本没有杀人蜂。

美国先前不信上帝的"马克思主义虫子"并没有被黑人种族完全取代。毕竟，在中美洲和南美洲都有"邪恶的"政治堡垒，如古巴的卡斯特罗和智利的阿连德。在美国，这股力量因为美国白人对自己周围非裔美国人的原始恐惧而得到了加强。大约在同一时间，又出现了两部讲述非洲化蜜蜂靠近美国边界的纪录片：1992年的《杀人蜂》和2000年的《蜂群：印度的杀人蜂》。在1995年的《致命入侵：杀人蜂噩梦》中，杀人蜂追袭加利福尼亚一个无辜的白人家庭。2002年的《杀人蜂》被宣传为"对蜇针的恐惧"。影片中，黝黑的墨西哥授粉工人用卡车把致命的蜜蜂引到了西北部太平洋沿岸。它们不可避免地在那里的社区中造成混乱。这次危机是因为把错误的蜜蜂意外地释放到果园中而引起的。它把以往蜜蜂为植物服务的有益行为转化成了一个致命的共生关系，生命的艺术变成了死亡的艺术。这次危机绝非臆造出来的。加利福尼亚的授粉服务业规模庞大，墨西哥湾沿岸诸州是商业养蜂基地，包装好的蜜蜂从这里运出去。这两个地方都在非洲化蜜蜂能生存的气候范围之内。它们的扩展有可能对美国农业和食品生产造成严重的影响。由于这些原因，在得克萨斯，这些蜜蜂定居的某些地方被隔离开来。最新的一部蜜蜂电影把人们熟悉的杀人蜂的角色转移到了胡蜂身上：在2003年的电影《绝命蜂暴》中，非洲化的杀人蜂从研究它们毒液的医疗实验室逃脱了，当然造成了骚乱。大部分大投资的灾难片都是以美国为背景的。就蜜蜂电影而言，不太可能有欧洲作品。原因很简单，距离最近的具有攻击性的非洲化蜜蜂在大洋彼岸呢。

另外，随着苏联的解体，先前高度紧张的社会主义和共产主义的恐惧情绪失去一部分力量。但是，因为有根深蒂固的美国种族主义填补空白，所以冷战给电影带来的你死我活的邪恶魅力在一些电影中演变成了完全荒诞的东西。例如，《蜡：蜂群中电视的发现》（1992）可能是有史以来最奇怪的电影。令人忧虑的是，它竟然被网络电影资料库列为纪录片。[28]一个电脑程序员的工作场所在新墨西哥州的阿拉莫戈多，正好在武器测试区之内。他也是一个业余养蜂人，与一位名叫"梅丽莎"的女子结婚。这个名字颇有深意。他养的蜜蜂（一种虚构出来的美索不达米亚血统的蜜蜂）具有通灵能力，能把影像植入养蜂人的大脑。最后，蜜蜂把一个特别的蜜蜂电视植入养蜂人的大脑，让他很自然地产生了幻觉。这些蜜蜂实际上是未来死去的灵魂的代理者。它们把他带到了沙漠下面的巢穴中，在那里，他被告知他要变成一件武器，去打击伊拉克的目标。

善良蜜蜂的形象，或者说至少是在政治方面和情感方面有意义的形象，似乎正在部分回归。非洲杀人蜂在20世纪90年代到达美国边界，但并没有对美国人构成巨大的威胁。对蜜蜂政体的好感和安心在一定程度上又一次出现在流行文化中。文明蜜蜂的形象再一次出现在1982年的《蜂巢》中。这是一个忧郁的故事，由塞拉的小说改编而来，背景是战时的马德里。《养蜂人》(1986)和《养蜂人家》(Ulee's Gold, 1997。片名可直译为"尤里的黄金")将传统彻底恢复起来。这两部影片都受惠于1925年的《养蜂人》，这部影片在1935年和1947年被翻拍。影片描写了一名残疾的退伍军人通过蜜蜂来寻找安慰的故事。1986年的《养蜂人》由马切洛·马斯楚安尼担任主演。他饰演的退休教师试图通过养蜂来使自己的生活变得有意义。他最终选择了自杀，被蜜蜂蜇死了。1997年的《养蜂人家》讲述了一个专业养蜂人有点儿凄凉的故事。他犯罪的儿子和吸毒的女儿把他们的孩子都丢给他来照顾。在整部影片中，不正常的家庭生活的场景，他悉心照顾孩子们的场景，和退避到安静、严格控制的养蜂生活的场景穿插在一起。收集和为蜂蜜打包的过程成了尤里和他一团糟的家庭的心理治疗过程。标题中的黄金并不仅仅指蜂蜜，更是指责任的回报和道德的排解。[29]

除了这些少量的电影之外，蜜蜂也在文学方面回归流行。托马斯·麦马汉的《麦凯的蜜蜂》(1979)描述了一个美国人向西的跋涉之旅。麦凯在1855年受到了朗斯特罗思《蜂巢与蜜蜂》的启发，想要在堪萨斯州建立一个乌托邦式的养蜂社区(在冬季生产钟表和八音盒)。在他的帮助之下，被移植而来的蜜蜂蜇死了一个攻击者，拯救了一个自由土壤党人(一个废奴主义者，试图把西部新领土建成非奴隶制的州)。相对较早时候的杀人蜂主题，这形成了一个有趣的翻盘。麦凯说：

"蜜蜂从来不会陷入对未来无谓的担忧和猜想之中。它们只是充满信心，乐观地做好眼前的事情。"[30] 在自由土壤的事件中，蜜蜂似乎出于本能地选择支持废奴主义者，这或许符合它们自己的利益。麦凯的妻子与她的双胞胎弟弟的乱伦关系更令人不安。这种特意的安排使人们想到了蜂王与其后代雄蜂之间的交配。与此形成对照的是休·蒙克·基德的畅销书《蜜蜂的秘密生活》（2002，已被拍成电影）。在这本书毫不矫饰、令人愉悦的道德观中，种族和谐、宗教狂喜、女性主导、团结等流行主题被汇聚在心理疗法的巨伞之下。书中的一位主要人物是一位威严的黑人妇女。她与姐姐一起生活在加利福尼亚南部，在 20 世纪 60 年代末以"黑人圣母马利亚"为品牌名销售优质蜂蜜。书中经常出现蜜蜂与圣母马利亚在一起的宗教插图。在此背景之下，素食主义者也加入了是否应该把蜜蜂用作授粉者的争论。他们争辩说蜜蜂破坏了环境，因为它们排挤了其他昆虫，生产自己根本用不了的蜂蜜。[31]

然而，似乎素食主义者和恐怖电影导演被最近 20 年与蜜蜂有关的大众读物淹没了。威廉·朗古德的《蜂王必须死，及蜜蜂与人的其他故事》是一本信息丰富的养蜂回忆录。休·哈伯尔的《蜜蜂的书》（1988）和罗斯玛丽·达里尔·托马斯的《生活，为人母和 180 000 只蜜蜂》（2002）也是回忆录。当我自己的书要出版的时候，哈蒂·埃利斯发表了《甜蜜与光明：蜜蜂的神秘历史》（2002）。比·威尔逊（Bee Wilson，名字倒是恰如其分）出版了《蜂巢：蜜蜂与我们的历史》（2004）。甚至有一个生活导师，创建了一种被称为"蜜蜂态度"的自助体系。这些蜜蜂态度实际上是一些"戒规"，包括"要做大集体

的分子"、"为未来做谋划"和"跳舞"。[32] 蜜蜂的恢复名誉在
2004 年华盛顿特区举办的英语拼写大赛（National Spelling Bee）
上体现得隐约而又具有讽刺意味。在这场比赛中，来自科罗
拉多斯普林斯的一位 12 岁的男孩获得了亚军。他在拼写"狂
热"一词时失利了，因此丢掉了冠军头衔。

第十一章

退休的蜜蜂

种上九亩豆子，养一巢蜜蜂，在林中独居，听蜂儿大声嗡嗡叫。[1]

　　夏洛克·福尔摩斯退休后便开始养蜂。在苏塞克斯唐斯，他"看着这些忙碌的小家伙，就像曾经观察伦敦罪恶的世界一样"[2]。埃德蒙·希拉里爵士在结束登山之后，返回新西兰养蜂。养蜂人或蜜蜂观察者在乡村过着高尚的退隐生活的主题在文学作品中反复出现。从罗马时代的作家（马提亚尔、维吉尔、瓦尔罗、贺拉斯、克路美拉）到瓦尔登湖畔的梭罗，到茵尼斯弗利岛上的叶芝，到夏威夷的保罗·泰鲁，无不涉及这一主题。养蜂人或蜜蜂观察者通常是非政治性、非社会性的，这与蜜蜂的生活形成了有趣的对比。蜜蜂的生活是高度社会化的，在传统意义上也是政治化的。

　　乔治·麦肯齐借用阿里斯塔克斯的生活赞美独居。他说，阿里斯塔克斯"利用50年的时间观察蜜蜂。在这期间，始终能找到新任务，也能发现新快乐，但是仍然不能说他已经把与花儿、解剖学、占星术有关的所有东西都观察到了，也不能说把其中任何一个科目的所有东西都观察到了……然而，我们却抱怨退休生活单调乏味，无事可做"[3]。普林尼曾经记述过阿里斯塔克斯的事迹。他也曾记述过西西里的历史学家菲利斯托斯（公元前430—前356年）。菲利斯托斯被称为"野人"，一生都在养蜂。他的养蜂劳动可能在他描写僭主的时候发挥了作用。[4] "他兴奋无比，忙完所有公务，可以投身于一份高尚的乡村任务——养蜂。用最纯洁的罐子盛装最优质的蜂蜜。"[5]

在瓦尔登湖，没有哪种自然现象因微不足道而逃过梭罗的注意。红蚂蚁和黑蚂蚁之间的战争，被描写得如《荷马史诗》一般，能引发梭罗关于权力的思考。偶尔，蜜蜂也能让梭罗产生不太愉悦的思考：贪吃的蜜蜂幼虫的形态在成虫身上得到了保留，"羽翼之下的腹部，仍然是幼虫的样子"，这使得污秽的阶段在飞行的成虫身上继续保留。"贪吃的人（gross feeder）是还处于蛹状态中的人；有些国家的全部国民都处于这种状态，这些国民没有幻想，没有想象力，只有一个出卖了他们的大肚皮。"[6] 这可以用来描写蜂巢：一个没有幻想和想象力的国家。

小说家和旅游作家保罗·泰鲁退休后来到夏威夷的瓦胡岛。因为受到夏洛克·福尔摩斯的启发，他也开始养蜂。他有80只蜂箱，200万只蜜蜂。他现在开始蜂蜜的商业生产，有一家名叫"大洋洲牧场纯夏威夷蜂蜜"的公司（建于1996年）。不过，这家公司仅为火奴鲁鲁的一家餐厅提供蜂蜜。泰鲁说写作和养蜂是彼此相容的，它们与退休也能相容。他最近的一部小说就以一位夏威夷的养蜂人为主人公。这个传统继续蓬勃发展。一本以反抗现代流行文化为主题的充满悲叹的书大胆地取名为"想对奥尔顿塔说脏话"。书中为那些厌烦了大型主题公园的人列举了一些令人愉快而又能提高境界的活动，其中之一便是去康沃尔郡的波特里斯的蜜蜂养殖地。[7]

　　蜜蜂代表着我们这个物种、我们这个星球的生和死。它们是农业的授粉者，是食物和光明的生产者，是野生植物的女仆，没有它们，我们的景色将大打折扣，变得光秃秃，缺乏野生生物。由于它们的努力，我们的土地才变得可以耕种。蜜蜂受到了非洲化的影响，有可能会影响我们的粮食生产。甚至温和的蜜蜂也可能干扰我们的日常生活：在 2003 年的春天，一辆运输蜜蜂的卡车在佛罗里达的泰特斯维尔翻车，导致数以百万计的蜜蜂流散到 95 号州际公路上。这条高速公路贯穿美国的东海岸，从加拿大一直到佛罗里达礁岛群。这起事故使这条高速公路关闭了 6 小时，许多官员赶来围捕蜜蜂，清除蜂蜜。如果蜜蜂果真从我们的风景中消失，恐怕我们就要与现在这个样子的地球说再见。琳达·派斯坦的《蜜蜂之死》想象了这一可怕但或许难以避免的情形：

　　　　野蜂传记
　　　　用蜂蜜来写就
　　　　并描绘至终结之点。

　　　　很快那归属夏日嗡鸣的
　　　　素歌
　　　　静谧走入悄无声息；

　　　　那未被煽动的花朵们，
　　　　最后一次

炽烈燃烧

熄灭。[8]

　　对蜜蜂来说这是一段不祥的时光。当初使它们被称为人类之友的行为、使它们在全世界如此成功的行为，现在对它们构成了威胁。因为授粉而对蜜蜂进行的大规模运输（出于商业目的，蜜蜂被引进原来它们不存在的地方）传播了瓦螨和气管螨。产生了非洲化蜜蜂的基因变异之所以成为可能，或许是因为它们同意受到养蜂人的照顾和操纵。多种广泛使用的杀虫剂和杀螨剂使野生和人工养殖的蜜蜂处于危险之中。对蜜蜂来说，更加严重的威胁是单种栽培（大面积种植单一作物）和蜜蜂栖息地的消失，尤其是开发程度高的国家。

　　有一种想法是非常诱人的：文明蜜蜂的古代传统能够促进其他物种间的合作，有一个出色例子证明了不同物种间的共生关系，而且似乎就是从蜜蜂这里获得的启迪。向蜜鸟是一种以蜂蜜和蜜蜂幼虫为食的非洲鸟类。它的名字来源于它们带领加纳寻蜜人到达野生蜂巢的能力。据可靠记录，它们有一整套用来指引方向和距离的飞行模式和叫声。找到蜂蜜的人打开蜂巢，取走蜂蜜，给向蜜鸟留下暴露的蜂巢和养育幼虫的蜂室。在这个过程中，双方都因对方的技能而受益。[9]这种交易的受害者是给了他们启发的善良的蜜蜂，这不能不说是一个讽刺，而养蜂人对启发他们的蜜蜂进行了持续几千年的剥削则是一个更大的讽刺。但是，在现代世界中，人类与蜜蜂之间的联合企业远比寻找野生蜜蜂或以舒适的蜂巢养蜂残忍得多。简直像难以置信的电影描述的一样，真实的蜜蜂被训练来搜寻毒品、死尸、地雷、炸弹和其他爆炸物。它们取回的水和花蜜残留着植物所吸收的环境污染物的痕迹。而且，蜜蜂可以像狗一样接受训练，识别某些气味。有朝一日，可能会用于探察空运中的某些有害的微生物菌剂（如恐怖袭击中可能会释放出来的）。[10] 它们成了环境信息的携带者，它们所收集的水、花蜜、花粉，甚至是血液、气体被人们分析，以获得生态变化和健康威胁方面的信息。[11] 作为各种毒素和威胁的生物监测者，蜜蜂有可能在传递我们可怕的科技所带来的恐怖信息时灭绝。当然这些致命的任务是早期蜜蜂传奇制造者们所无法想象的。那时的蜜蜂只是质朴、无私、纯洁与和平的象征。人类生活的艺术越来越变成死亡的艺术。在我们这个物种日益忧郁的历史进程中，蜜蜂用榜样的力量向我们严肃地表明，我们的目光应该超越自己。

当蜜蜂从社会中退休时，它就会死去。蜜蜂的寿命短得让人感到心酸。它不能度过整个育虫的季节，也无法度过整

伍斯特郡的科
们在1996年为
装上了雷达
用以跟踪它们
动轨迹。

个蜂蜜流淌的夏天。只有那些越冬的蜜蜂才有机会体验季节的交替、冷暖的变换。大部分蜜蜂是在温暖的夏日和抱团取暖的冬季之间体验着飞逝的生命。一只蜜蜂是脆弱的、短暂的，只有蜂巢才是长存的。

即使真正的蜜蜂是难逃一死的，但有关蜜蜂的艺术和传奇应该是不朽的，终有一死的定数无法专横地夺走它们的美丽。在 2004 年 7 月，这本书即将完成的时候，贝尔尼尼为罗马蜜蜂喷泉所雕刻的美丽的蜜蜂石像中的一个，遭到了文物损坏者的破坏。确实，在生活中，一只蜜蜂确实不算蜜蜂。但是，优雅的喷泉上哪怕只是一只蜜蜂遭到破坏也足以毁掉公众的艺术品，乃至罗马的政体。这是对现代文明生活的一个具有讽刺意味的评论（或许是无心之举）。没有任何一种其他动物遭到破坏能给我们现在的生活方式带来如此特殊的象征意义。那样胆大妄为的破坏是蜜蜂所完全无法知晓的。它们自己的艺术之所以能够长久是因为难以计数的个体在共同维护它的健康

贝尔尼尼蜜蜂左侧被破坏的雕塑。

和完美。贝尔尼尼的蜜蜂喷泉被困在 21 世纪繁忙的商业路口，被包围在喧嚣的交通之中（真正的蜜蜂倒是没有遇到过这种情形），被尾气熏染，被垃圾包围。它在那里已经完好无损地坚持了 4 个世纪，安详而又静谧，蜜蜂石像永远地趴在表面上，好像是要让蜂巢能够永恒。那样一只蜜蜂现在被破坏了，这是一种令人伤心的见证，一种在真实的蜜蜂身上缺失的见证。它见证了我们的世界、我们的过去、我们的文化，见证了我们无论从哪里出发最终都落到此时此地的历程。

大 事 年 表

2亿年前	2 000万年前	10 000—15 000年前	10 000年前	公元前3000年
原始、独居的蜜蜂物种发源于亚洲南部。	社会性蜜蜂物种开始酿蜜。	瓦伦西亚，寻找蜜蜂的岩画。	人类最早消费蜂蜜的记录。	苏美尔人用蜂蜜疗皮肤溃疡。

1637年	1653年	1668年	1682年	1700年
理查德·雷姆纳特的《关于蜜蜂的话语和历史》指出工蜂是雌性的。	墨洛温王朝希尔德里克一世（死于481年）的坟墓在图尔奈被发掘，出土了300个金蜜蜂。	荷兰显微镜学家斯瓦默丹绘制了完整的蜂王、工蜂和雄蜂的解剖图。	乔治·惠勒发现并描述了希腊蜂箱，这是现代巢框蜂箱的前身。	人们发现蜜蜂道而不是仅从花中采

1848年9月	1851年	1913年	1919年	1947年
摩门教徒到达犹他州，把它命名为"德瑟雷特"（蜜蜂之地）。	费城的朗斯特罗思建造了第一个完全可移动的巢框蜂箱。	巴尔干战争期间保加利亚的军队因为缺少传统药品而用蜂蜜涂抹伤口。	列宁发布命令，保护养蜂业。	约瑟夫·博伊斯第一个蜜蜂雕像

0年前	公元1世纪	300—600年	1538年	1586年	1625年
开始养蜂。	维吉尔的《农事诗》创立了许多源远流长的反映蜜蜂社会组织的观念。	皮克特人生产了蜂蜜啤酒。	西班牙人第一次用蜂箱把欧洲蜜蜂引进南美洲。	第一次有人提出蜂王是雌性，所有的卵都是它产的。	山猫学会第一次用显微镜观察蜜蜂，并绘制了详细图画。

1744年	1750年	1788年	18世纪90年代	19世纪20—30年代
第一次知道蜂蜡是由年轻的蜜蜂产生的。	第一次知道花粉是花的雄性生殖细胞；蜜蜂只接受有花植物。	第一次观察到觅食蜂的舞蹈。	法兰西共和国把蜜蜂和蜂巢用作宣传形象。	"勿杀蜜蜂"运动。

949年	1953年	1957年	1965年	2000年
国际蜜蜂研究联合会（IBRA）在英国成立。	德国昆虫学家卡尔·冯·弗里施在《跳舞的蜜蜂》中解释了蜜蜂的交流方式，因此获得了1973年的诺贝尔奖。	非洲化的欧洲蜜蜂逃进巴西雨林，杀人蜂的恐怖故事由此开始。	在美国，蜂蜜的价格是糖价的1.5倍，在德国甚至高达6倍。	莫斯科市长养殖蜜蜂，宣称自己是人民的蜜蜂。

注 释

第一章 选择蜜蜂的理由

[1] A. A. Milne, 'In Which We Are Introduced to Winnie-the-Pooh and Some Bees, and the Stories Begin', *Winnie-the-Pooh* (London, 1926), p. 10.

[2] See www.vegetus.org/honey/honey.htm, a radical vegan website.

[3] Thomas Hobbes, *Leviathan* (Cambridge, 1991), chapter 17, p. 119.

[4] Arthur Conan Doyle, 'His Last Bow', in *The Annotated Sherlock Holmes*, ed.William S. Baring-Gould (New York, 1960), II, p. 803.

[5] George MacKenzie, *A Moral Essay Preferring Solitude to Publick Employment* (London, 1665), p. 80.

[6] Henry David Thoreau, *Journal III* (13 February 1852), in *Thoreau's Writings*, ed. Bradford Torrey (Boston, 1906), IX, p. 299.

[7] James Fenimore Cooper, *The Oak Openings, or The Bee-Hunter* (New York, 1848), p. 19.

[8] Claude Lévi-Strauss, *From Honey to Ashes: Introduction to a Science of Mythology*, II, trans. John and DoreenWeightman (New York, 1973), pp. 28, 35, 55, 289.

[9] Pausanias, *Description of Greece, trans*.W.H.S. Jones and H. A. Ormerod (Cambridge, MA, 1965—1966), book ix, chapter 23, line 2.

[10] Hilda M. Ransome, *The Sacred Bee in Ancient Times and Folklore* [1937] (Bridgwater, 1986), p. 105.

[11] Herman Melville, *Moby-Dick*, (1851, Harmondsworth, 1972), chap. 78, p. 326.

[12] Thomas Pecke, *Parnassi Puerperium* (London, 1659), p. 156.

[13] Qu'ran, Sura xlvii, 17, 18.

[14] Sue Monk Kidd, *The Secret Life of Bees* (New York, 2002), p. 137.

[15] Samuel Purchas, *A Treatise of Politicall Flying-insects* (London, 1657), p. 16.

[16] Jacques Vanière, *The Bees. A Poem*, trans. Arthur Murphy (London, 1799), p. 5.

[17] Maurice Maeterlinck, *The Life of the Bee*, trans. Alfred Sutro (New York, 1924), p. 30.

[18] Osip Mandelstam, 'Take from my palms', in *Selected Poems: A Necklace of Bees*, trans. Maria Enzensberger (London, 1992), p. 22.

[19] Osip Mandelstam, 'Whoever finds a horseshoe' (number 136) in *The Complete Poetry of Osip Emilevich Mandelstam*, trans. Burton Raffel and Alla Burago (Albany, ny, 1973). Bees are frequently found in Mandelstam's work.

第二章 生物学的蜜蜂

[1] Maurice Maeterlinck, *The Life of the Bee*, trans. Alfred Sutro (New York, 1924), p. 57.

[2] All ant-species and many wasp-species are social.

[3] Eva Crane, *Bees and Beekeeping: Science, Practice and World Resources* (Oxford, 1990), p. 7.

[4] See Rex Boys's excellent account of the apidictor on www.beedata.com.

[5] Joseph Hall, 'Upon Bees Fighting', *Occasional Meditations* (London, 1630), p. 150.

[6] See ananova.com.

[7] Karl von Frisch, *The Dancing Bee: An Account of the Life and Senses of the Honey Bee*, trans. Dora Lane (New York, 1955), pp. 101–133.The dances of bees are discussed in chapter 7.

第三章 人工养蜂

[1] Moses Rusden, *A Further Discovery of Bees* (London, 1679), p. 8.

[2] Hilda M. Ransome, *The Sacred Bee in Ancient Times and Folklore* (Bridgwater, 1986), p. 55.

[3] Pliny, *Historia Naturalis*, trans. H. Rackham (London and Cambridge, MA, 1967), III, p. 451.

[4] On Chinese beekeeping before 1500 see Ransome, *Sacred Bee*, pp. 52–54.

[5] Samuel Purchas, *A Treatise of Politicall Flying-insects* (London, 1657), p. 140.

[6] S. Buchmann and G. Nabham , 'The Pollination Crisis: The Plight of the Honey Bee and the Decline of other Pollinators Imperils Future Harvests' , *The Sciences*, 36 (4), (1997), pp. 22–28.

[7] William Cotton, *A Short and Simple Letter to Cottagers, from a Conservative Bee-Keeper* (London, 1838), p. 4.

[8] *Observations and Notes* in *The Works of Sir Thomas Browne*, ed. Geoffrey Keynes (Chicago, 1964), III, p. 247.

[9] Rusden, *A Further Discovery of Bees*, p. 38.

[10] Ibid., p. 9.

[11] John Evelyn, *Diary* (London, 1950), 13 July 1654, p. 295. Samuel Hartlib, *The Reformed Commonwealth of Bees* (London, 1655), pp. 45, 50–52.

[12] Samuel Pepys, *Diary* (Ware, 1997), 5 May 1665, p. 329.

[13] John Evelyn, *Kalendarium Hortense, or, the Gardener's Almanac* (London, 1664), p. 71.

[14] Robert Plot, *The Natural History of Oxfordshire* (London, 1677), p. 263; Nehemiah Grew, *Musæum Regalis Societatis* (London, 1685), p. 371.

[15] The figures are from the American National Honey Board (www.nhb.org).

[16] Emily Dickinson, 'The pedigree of honey' , in *The Complete Poems of Emily Dickinson*, ed. Thomas H. Johnson (London, 1970), pp. 668–669.

第四章 政治的蜜蜂

[1] *The DivineWeeks andWorks of Guillaume de Saluste du Bartas*, trans. Joshua Sylvester, ed. Susan Snyder (Oxford, 1979), I, II. 919–920.

[2] Jacques Vanière, *The Bees. A Poem*, trans. ArthurMurphy (London, 1799), p. 6.

[3] Thomas Moffett, *Insectorum sive minimorum animalium theatrum*, in Edward Topsell, *The History of Fourfooted Beasts and Serpents . . . whereunto is now added The Theater of Insects*

(London, 1658), p. 894.

[4] Thomas Adams, *The Happines of the Church* (London, 1666), p. 204. See also Stephen Batman (or

Bateman), *Batman upon Bartholomew* (London, 1582), chap. 4.

[5] Hesiod, *Works and Days* (Harmondsworth, 1985), p. 68.

[6] Varro, *Rerum Rusticarum*, trans.W. D. Hooper and H. B. Ash (Cambridge, MA, 1934), book iii,

section 15, p. 503.

[7] John Gay, 'The Degenerate Bees', in *Fables* (London, 1795), p. 174.

[8] Charles Butler, *The Feminine Monarchie* (London, 1609), p. B6v.

[9] John Adams, *An Essay Concerning Self-murther* (London, 1700), p. 95.

[10] Vergil, *Georgics*, trans. John Dryden (London, 1697), p. 229.

[11] Vergil, *Georgics*, p. 217.

[12] Frances Trollope, *The Domestic Manners of the Americans* [1832], ed. Richard Mullen (Oxford,

1984), p. 36.

[13] Henry David Thoreau, *Journal IV* (30 September 1852) in *Thoreau's Writings*, ed. Bradford

Torrey (Boston, 1906), p. 373.

[14] Samuel Purchas, *A Treatise of Politicall Flying-insects* (London, 1657), p. 17.

[15] Seneca, 'De Clementia', in *Seneca's Morals Extracted in Three Books*, trans. Roger L' Estrange

(London, 1679), pp. 139–140; and *Epistulae ad Lucilium*, trans. Richard M. Gunmere

(Cambridge, MA, 1917), II, 84.3.b.

[16] Godfrey Goodman, *The Fall of Man, or the Corruption of Nature* (London, 1616), p. 100.

[17] William Allen, *A Conference About the Next Succession* (London, 1595), p. 205.

[18] William Shakespeare, *Henry V* (London, 1969), I.II.187–203.

[19] Moffett, *Insectorum*, p. 893.

[20] Ibid., pp. 892–893.

[21] Purchas, *Treatise*, pp. 3–4. The etymology of 'bee' was creatively established in various languages.

The English word 'bee' comes from Anglo-Saxon *bēo*, bee.

[22] Moffett, *Insectorum*, p. 891.

[23] Butler, *Feminine Monarchie*, p. A3v.

[24] Moses Rusden, *A Further Discovery of Bees* (London, 1679), p. A2[v], 1.

[25] Butler, *Feminine Monarchie*, p. A3v.

[26] Purchas, *Treatise*, p. 17.

[27] Robert Hooke, *Micrographia* (London, 1665), p. 163.

[28] John Levett, *The Ordering of Bees: Or, the True History of Managing Them* (London,

1634), p. 34.

[29] Ibid., p. 68.

[30] Hilda M. Ransome, *The Sacred Bee in Ancient Times and Folklore* (Bridgwater, 1986), p. 234.

[31] Les Murray, 'The Swarm', in *Collected Poems* (Manchester, 1991), p. 151.

[32] Samuel Hartlib, *The Reformed Commonwealth of Bees* (London, 1655), p. 4.

[33] Columella, *De Rustica*, trans. E. S. Forster and Edward H. Heffner (Cambridge, MA, 1954),

II, p. 483.

[34] Moffett, *Insectorum*, p. 895.

[35] Columella, *De Rustica*, p. 483.

[36] Butler, *Feminine Monarchie*, pp. A7v, B5v.

[37] Frederic Tubach, *Index Exemplorum: A Handbook of Medieval Religious Tales* (Helsinki,

1969), p. 47 (no. 545).

[38] Robert Herrick, 'TheWounded Cupid' [1648], in *The Poetical Works of Robert Herrick*

(Oxford, 1956), p. 50.

[39] Filips van Marnix, *De Roomsche Byen-korf* [1569], trans. John Still (London, 1579).

[40] Vergil, *Georgics*, pp. 221, 223.

[41] Richard Day, *The Parliament of Bees* (London, 1697), p. 2.

[42] Isaac Watts, 'Against Idleness and Mischief', in *Works* (London, 1810), IV, p. 399.

[43] Gay, 'The Degenerate Bees', *Fables*, p. 174.

[44] Emily Dickinson, 'Partake as doth the bee', in *Complete Poems*, ed. T. H. Johnson (London, 1975), p. 462 (no. 994).

[45] François Mitterrand, *The Wheat and the Chaff* (includes *L'abeille et l'architecte*) (London, 1982).

[46] Vanière, *The Bees*, pp. xi, 27, 41.

[47] Mary Alcock, 'The Hive of Bees: A Fable, Written December, 1792', in *Poems* (London, 1799), pp. 25–30.

[48] Anon., 'The Secret of the Bees', in *Liberty Lyrics*, ed. Louisa S. Bevington (London, 1895), p. 6.

[49] Charles E. Waterman, *Apiatia: Little Essays on Honey-Makers* (Medina, oh, 1933), p. 14.

[50] Moffett, *Insectorum*, p. 894.

[51] Waterman, *Apiatia*, p. 12.

[52] Robert Graves, 'Secession of the Drones', in *Complete Poems* (Manchester, 1997), II, pp. 192–193.

[53] Henri Cole, 'The Lost Bee', *American Poetry Review*, 33 (2004), p. 40.

第五章　虔诚的/堕落的蜜蜂

[1] H. Hawkins, *Parthenia Sacra* (London, 1633), p. 74.

[2] Qu'ran, 16:68–69.

[3] Ovid, *Metamorphoses*, trans. Rolfe Humphries (Bloomington, in, 1955), book I, ll. 110–111.

[4] Dante, *Paradiso*, trans. Laurence Binyon (London, 1979), Canto 31, lines 4–24.

[5] William Wordsworth, 'Vernal Ode', V, ll. 124–8, in *Poetical Works*, ed. T. Hutchinson and E. de Selincourt (Oxford, 1936), p. 181.

[6] Hawkins, *Parthenia Sacra*, p. 71.

[7] Vergil, *Georgics*, trans. John Dryden (London, 1697), p. 225.

[8] Hawkins, *Parthenia Sacra*, p. 74.

[9] George Gilpin, *The Beehive of the Romish Church* (1579), quoted in Hilda M. Ransome, *The Sacred Bee in Ancient Times and Folklore* (Bridgwater, 1986), p. 148.

[10] Eva Crane, *A Book of Honey* (Oxford, 1980), p. 138.

[11] Psalms 81:16.

[12] Luke 24:39–43.

[13] This metaphor was widely and richly deployed in relation to the medieval monastic orders.

[14] Ralph Austen, *The Spirituall Use of an Orchard* (London, 1653), p. [T2v].

[15] 'The Bee and the Stork' (from the Thornton MS, fol. 194, Lincoln Cathedral Library), reprinted in *The English Writings of Richard Rolle*, ed. Hope Emily Allen (Oxford, 1931), pp. 54–55.

[16] Henry Ellison, 'Lose Not Time', *in Stones from the Quarry* (London, 1875); see also his 'The Poetical Hive' and 'Hint to Poets' in the same collection.

[17] Quoted in Eudo C. Mason, *Rilke* (Edinburgh and London, 1963), pp. 89–90.

[18] Gilpin, quoted in Ransome, *Sacred Bee*, p. 147.

[19] Thomas Moffett, *Insectorum sive minimorum animalium theatrum*, in Edward Topsell, *The History of Fourfooted Beasts and Serpents . . . whereunto is now added The Theater of Insects* (London, 1658), p. 96.

[20] Emanuele Tesauro, *Il Cannochiale Aristotelico* (Rome, 1664), p. 94.

[21] Samuel Purchas, *A Treatise of Politicall Flying-insects* (London, 1657), p. 42.

[22] Purchas, *Treatise*, p. 19.

[23] Charles Butler, *The Feminine Monarchie* (London, 1609), pp. B2v–B3r.

[24] R. S. Hawker, 'The Legend of the Hive', in *Poetical Works* (London, 1899), pp. 105–108.

[25] Hawkins, *Parthenia Sacra*, p. 70.

[26] George Wither, *The Schollers Purgatory Discovered in the Stationers Common-wealth* (London, 1624), p. 5.

[27] Walter Raleigh, 'The History of theWorld', in *The Works of Sir Walter Raleigh, Kt* (New York, 1929), II, p. xvi.

[28] Butler, *Feminine Monarchie*, p. A1v.

[29] Moffett, *Insectorum*, p. 891.

[30] Ibid.

[31] Moses Rusden, *A Further Discovery of Bees* (London, 1679), p. [A8v].

[32] James Boswell, *An Account of Corsica* (London, 1768), p. 280.

[33] Anne Hughes, *Diary of a Farmer's Wife, 1796—1797* (London, 1980), p. 78.

[34] William Cotton, *A Short and Simple Letter to Cottagers, from a Conservative Bee-Keeper* (London, 1838), p. 2.

[35] William Cotton, *My Bee Book* (London, 1842), p. cxl.

[36] Diana Hartog, *Polite to Bees: A Bestiary* (Toronto, 1992), p. 54.

[37] Purchas, *Treatise*, p. 113.

[38] Joseph Hall, 'Upon Bees Fighting', in *Occasional Meditations* (London, 1630), pp. 148–149.

[39] A. I. Root, *The ABC and XYZ of Bee* Culture (Medina, OH, 1908), p. 362.

[40] Judges 14:5–14.

[41] Vergil, *Georgics*, ll. 452–458.

[42] Ovid, *Metamorphoses*, XV, ll. 365ff.

[43] Purchas, *Treatise*, p. 44, paraphrasing Aristotle, *De generatione animalium*, III.10.

[44] Purchas, *Treatise*, p. 46.

[45] Godfrey Goodman, *The Fall of Man, or the Corruption of Nature* (London, 1616), p. 19.

[46] Edward G. Ruestow, *The Microscope in the Dutch Republic: The Shaping of Discovery* (Cambridge, 1996), p. 201.

[47] John Greenleaf Whittier, 'The Hive at Gettysburg', in *Poetical Works* (Boston, 1894), III, pp. 263–264.

第六章　蜜蜂的实用性

[1] William Cotton, *A Short and Simple Letter to Cottagers, from a Conservative Bee-Keeper* (London, 1838), p. 3.

[2] *Desert Island Discs*, BBC Radio 4, broadcast of 19 May 2002.

[3] Joe Traynor, *Honey, the Gourmet Medicine* (Bakersfield, CA, 2002), p. 63.

[4] Peter Molan, 'The Anti-Bacterial Activity of Honey, Part i', *Bee World*, 73 (1992), pp. 5–28, and Eva Crane, *Bees and Beekeeping: Science, Practice and World Resources* (Oxford, 1990), pp. 426–427.

[5] Traynor, *Honey*, pp. 8–12.

[6] Ibid., p. 13.

[7] John Aubrey, 'Adversaria Physica', in *Three Prose Works*, ed. John Buchanan-Brown (Carbondale, IL, 1972), pp. 345, 353.

[8] *The Catholic Directory*, 1943 (London, 1943), p. 111.

[9] A. I. Root, *The ABC and XYZ of Bee Culture* (Medina, OH, 1908), p. 331–332.

[10] See John R. Davis, *The Great Exhibition* (Stroud, 1999), p. 143.

[11] Bryan Acton and Peter Duncan, *Making Mead* (Ann Arbor, MI, 1984), n.p.

[12] 'The Prairies', in *American Poetry*, ed. John Hollander (New York, 1993), I, pp. 162–165.

第七章　蜜蜂的美学意义

[1] Geffrey Whitney, *A Choice of Emblems* (London, 1586), p. 200.

[2] Maurice Maeterlinck, *The Life of the Bee*, trans. Alfred Sutro (New York, 1924), pp. 406–407.

[3] Wordsworth, 'Vernal Ode', IV, ll. 107–108, in *Poetical Works*, ed. T. Hutchinson and E. de Selincourt (Oxford, 1936).

[4] William A. McClung, *The Architecture of Paradise: Survivals of Eden and Jerusalem* (Berkeley, CA, 1983), p. 118.

[5] Thomas Browne, *The Garden of Cyrus*, in *Works*, ed. Geoffrey Keynes (Chicago, 1964), III, p. 102.

[6] Maeterlinck, *Life of the Bee*, p. 189.

[7] Christopher Smart, 'The Blockhead and the Beehive', in *Poems* (London, 1791), pp. 26–30.

[8] A. I. Root, *The ABC and XYZ of Bee Culture* (Medina, OH, 1908), pp. 172–178.

[9] Henry Ellison, 'The Poetical Hive', in *Stones from the Quarry* (London, 1875), n.p.

[10] Quoted in François Mitterrand, *The Wheat and the Chaff* (London, 1982), epigraph.

[11] For a detailed study of the bee and the beehive motif in Gaudí's work, see Juan Antonio Ramirez, *The Beehive Metaphor: From Gaudí to Le Corbusier* (London, 2000).

[12] See Ramirez, *Beehive Metaphor*, p. 128.

[13] Caroline Tisdall, *Joseph Beuys* (London, 1979), p. 44.

[14] Karl von Frisch, *The Dancing Bee: An Account of the Life and Senses of the Honey Bee*, trans. Dora Lane (New York, 1955), pp. 91–133.

[15] Wordsworth, 'Vernal Ode', IV, Bryant's 'SummerWind' and Emerso's 'The Humble-Bee' can be found in *American Poetry*, ed. John Hollander (New York, 1993), I, p. 146 (Bryant) and p. 272 (Emerson).

[16] Charles Horn, *The Bee-Hive* (London, 1811); James Elliott, *The Bee* (London, 1825); William Hawes, *The Bee* (London, 1836); Julia Woolf and Agnes Trevor, *The Bee and the Rose* (London, 1877).

[17] Walt Whitman, 'Bumble Bees', from *Specimen Days*, reprinted in Walt Whitman: *The Complete Poetry and Collected Prose* (New York, 1982), pp. 783–786.

[18] Charles Butler, *The Feminine Monarchie* (2nd edn, London, 1623), chap. 5, pp. K4v-L1r.

[19] www.beedata.com.

[20] 'It was a time when silly bees could speak', Song 18 in John Dowland, *The Third and Last Booke of Songs or Aires* (London, 1603), p. L1r.

第八章 大众生活中的蜜蜂

[1] Columella, *De Rustica*, trans. E. S. Forster and Edward H. Heffner (Cambridge, MA, 1954), II, p. 429.

[2] Gertrude Jones, *Dictionary of Mythology, Folklore, and Symbols* (New York, 1962), I, p. 193.

[3] Ovid, *Fasti*, trans. James Frazer (Cambridge, ma, 1931), III, ll. 736–763.

[4] William Combe, *Doctor Syntax in Search of Consolation* (London, 1820), collected in *Doctor Syntax's Three Tours* (London, 1869), p. 209.

[5] John Greenleaf Whittier, 'Telling the Bees' [1860] in *American Poetry*, ed. John Hollander (New York, 1993), i, pp. 468–470.

[6] Frederic Tubach, *Index Exemplorum: A Handbook of Medieval Religious Tales* (Helsinki, 1969), no. 550.

[7] Eva Crane, *A Book of Honey* (Oxford, 1980), p. 134.

[8] G. Henderson, *Folklore of the Northern Counties* (1879), cited in Hilda M. Ransome, *The Sacred Bee in Ancient Times and Folklore* (Bridgwater, 1986), p. 229.

[9] John Worlidge, *Apiarium* (London, 1676), 'To the Reader', p. [A3v]. Interested readers are directed to *The Bees*, a modern Aristophanic pastiche by F. Lepper in celebration of his *alma mater*, the so-called College of Bees.

[10] Antony á Wood, 'Fasti Oxoniensis', in *Athenae Oxoniensis* (London, 1691), II, p. 693.

[11] Tacitus, *Annals*, trans. John Jackson (Cambridge, MA, 1970), IV, book XIII, chap. lxiv.

[12] Livy, *History of Rome*, trans. Frank G. Moore (Cambridge, MA, 1963), VII, book XXVII, chap. XIII.

[13] Emily Dickinson, 'The murmuring of bees has ceased', in *The Complete Poems of Emily Dickinson*, ed. Thomas H. Johnson (London, 1970), p. 502 (no. 1115).

[14] *The Book of Mormon*, Ether 2:3.

[15] Samuel Purchas, *A Treatise of Politicall Flying-insects* (London, 1657), p. 121.

[16] Ransome, *Sacred Bee*, pp. 181–182.

[17] Vergil, *Georgics*, trans. John Dryden (London, 1697), l. 286; Pliny, *Historia Naturalis*, 10 vols, trans. H. Rackham (London and Cambridge, ma, 1967), xi, p. 447; Nehemiah Grew, *Musæum Regalis Societatis* (London, 1685), p. 154.

[18] Pliny, *Historia Naturalis*, XI, iv–xiii, p. 439.

[19] Purchas, *Treatise*, p. 120.

[20] Jonston, *An History of the Wonderful Things of Nature* (London, 1657), p. 244.

[21] Jonston, *Wonderful Things*, p. 245; Grew, *Musæum*, p. 155.

[22] Columella, *De Rustica*, II, p. 475; Varro, *Rerum Rusticarum*, trans. W. D. Hooper and H. B. Ash (Cambridge, MA, 1934), p. 521.

[23] William Cotton, *My Bee Book* (London, 1842), p. 231.

[24] Henry Thoreau, *Journal III*, September 30, 1852, in *Thoreau's Writings*, ed. Bradford Torrey (Boston, 1906), IV, p. 375.

[25] Gustave Aimard, *The Bee-Hunters* (London, 1864), p. 44.

第九章　顽皮的蜜蜂

[1] Richard Klein, *Eat Fat* (London, 1997), pp. 185–186.

[2] Quoted by Walt Whitman, 'Bumble-Bees', *Specimen Days*, reprinted in *Walt Whitman: The Complete Poetry and Collected Prose* (New York, 1982), pp. 785–786.

[3] Ibid.

[4] Emily Dickinson, 'I taste a liquor never brewed', in *Complete Poems*, ed. Thomas H. Johnson (London, 1975), p. 98 (no. 214).

[5] Robert Frankum, *The Bee and the Wasp: A Fable* (London, 1832).

[6] 'Bee Song', in Kenneth Blain, *Songs and Monologues Performed by Arthur Askey*, gramophone record, London, 1947.

[7] W. S. Gilbert, 'The Independent Bee' in *Bab Ballads* (London, 1898), pp. 536–538.

[8] Edward Lear, *A Book of Nonsense* (London, 1861), limerick 10.

[9] Robert R. Kirk, 'Bees', in *Poetry: Its Appreciation and Enjoyment*, ed. Louis Untermeyer and Carter Davison (New York, 1934), p. 318.

[10] www.filmforce.ign.com/articles. I resist including the nonsensical 'Eric the Half-a-Bee' song by Monty Python.

第十章 蜜蜂与电影

[1] The Bobs, 'Killer Bees', in *Songs for Tomorrow Morning*, Rhino Records, 1988.

[2] See Paul Fussell, *The Rhetorical World of Augustan Humanism* (Oxford, 1965), pp. 233–234, quoting Pope's *The Dunciad*.

[3] Edmund Burke, *Letter to a Noble Lord* (London, 1795), pp. 79–80.

[4] See Jonathan Bate, *The Romantic Ecologists* (London, 1991), pp. 79–80.

[5] William Wordsworth, *The Excursion*, VIII, ll. 329–330, in *Poetical Works*, ed. T. Hutchinson and E. de Selincourt (Oxford, 1936).

[6] John Ruskin, 'The Nature of Gothic', in *The Stones of Venice*, ed. J. G. Links (London, 1960), pp. 164–165.

[7] William Blake, *Jerusalem: The Emanation of the Giant Albion* (1804), reprinted in *The Poems*, ed. W. H. Stevenson and David H. Erdman (London, 1971), l. 16.

[8] Thomas Carlyle, letter to Alex Carlyle, quoted in Humphrey Jennings, *Pandæmonium* (London, 1985), p. 164.

[9] Samuel Taylor Coleridge, *Biographia Literaria* (Princeton, NJ, 1984), book 1, chap. 2.

[10] Eric McLuhan, quoted in T. Curtis Hayward, *Bees of the Invisible: Creative Play and Divine Possession* [London: The Guild of Pastoral Psychology, no. 206, n.d. (c. 1982)], p. 9.

[11] Edward Paley, 'Fable of the Bee-Hive', in *Reasons for Contentment Addressed to the Labouring Part of the British Public* (London, 1831), pp. 22–24.

[12] David Wojahn, 'The Hivekeepers', in *Late Empire* (Pittsburgh, 1994), pp. 12–14.

[13] A. I. Root, *The ABC and XYZ of Bee Culture* (Medina, OH, 1908), p. 13.

[14] Hart Crane, 'The Hive', in *The Complete Poems and Selected Letters and Prose* (Garden City, NJ, 1986), p. 127.

[15] Elias Canetti, *Crowds and Power*, trans. Carol Stewart (London, 1962), pp. 29–30.

[16] Sir John Lubbock, *Ants, Bees and Wasps* [1881] (London, 1915), p. 284.

[17] Lubbock, *Ants, Bees and Wasps*, p. 281, quoting Langstroth's *Treatise on the Honey-Bee* (1876).

[18] Lubbock, *Ants, Bees and Wasps*, p. 285.

[19] Maurice Maeterlinck, *The Life of the Bee*, trans. Alfred Sutro (New York, 1924), pp. 44, 89.

[20] Ibid., p. 66.

[21] Ibid., p. 32.

[22] Ibid., p. 47.

[23] Ibid., p. 50.

[24] Rudolf Steiner, *Bees*, trans. Thomas Brantz (Hudson, NY, 1998), pp. 4–8.

[25] A complete account of the Africanized bee is to be found in Mark Winston, *Killer Bees: The Africanized Honey Bee in the Americas* (Cambridge, MA, 1992).

[26] I. Khalifman, *Bees* (Moscow, 1953), pp. 12, 19–21.

[27] I am indebted to the informative and witty Jabootu Nation bad movie site (www.jabootu.com) for additional insights into the badness of bee movies.

[28] www.imdb.com.

[29] Further bee-related films include the Indian *Bees* (1991); *Bee Season* (2005), about a therapeutic spelling bee; *Die Bumble Bees* (1982), a fantasy; *Bubble Bee* (1949), featuring Donald Duck and a pesky bee arguing about a piece of bubble gum; *The Bee-Deviled Bruin* (1949), a Chuck Jones cartoon starring Stan Freberg as the voice of Junyer Bear; *Bees in Paradise* (1944), a musical comedy about castaways on a desert island dominated by women who worship bees and kill their

husbands after two months of marriage ; *Honey Bee* (1920), an office melodrama; and *Bees in His*

Bonnet (1918), a documentary about daily life in Britain.

[30] Thomas McMahon, *McKay's Bees* (London, 1979), p. 1.

[31] See www.vegetus.org.

[32] ASKBARB@aol.com.

第十一章　退休的蜜蜂

[1] W. B. Yeats, 'The Lake Isle of Innisfree', in *Collected Poems* (London, 1950), p. 44.

[2] Arthur Conan Doyle, 'His Last Bow', in *The Annotated Sherlock Holmes*, ed.William S. Baring-

Gould (New York, 1960), II, p. 804.

[3] George MacKenzie, *A Moral Essay Preferring Solitude to Publick Employment* (London, 1665), p. 80.

[4] Pliny, *Historia Naturalis*, trans. H. Rackham (London and Cambridge, MA, 1967) XI, p. 445.

[5] Ben Jonson, translating Horace's *Epode* ii ('*Beatus ille*'), in Jonson's *Poems*, ed. Ian Donaldson

(Oxford, 1975), pp. 274–276.

[6] Henry David Thoreau, *Walden*, ed. J. Lyndon Stanley (Princeton, NJ, 1971), p. 215.

[7] Jason Hazeley, et al., *Bollocks to Alton Towers* (London, 2005), pp. 33–35.

[8] Linda Pastan, 'The Death of the Bee', *Kenyon Review*, 20 (1998), p. 73.

[9] See A. A. Isack and H. U. Reyer, 'Honeyguides and Honey Gatherers: Interspecific

Communication in a Symbiotic Relationship', *Science*, 243 (10 March 1989), pp. 1343–1346.

[10] Jerry J. Bromenshenk, 'Can Honey Bees Assist in Area Reduction and Landmine Detection?', in

Journal of Mine Action, VIIs/3 (2003), pp. 380–389.

[11] United States Environmental Protection Agency report (January 1999): www.epa.gov.

参考文献

Acton, Bryan, and Peter Duncan, *Making Mead* (Ann Arbor, MI, 1984).

Aimard, Gustave, *The Bee-Hunters* (London, 1864).

Alcock, Mary, 'The Hive of Bees: A Fable,Written December, 1792' in *Poems* (London, 1799).

Allen,William, *A Conference about the Next Succession* (London, 1595).

Anon., 'The Secret of the Bees', in *Liberty Lyrics*, ed. Louisa S. Bevington (London, 1895).

Aubrey, John, *Adversaria Physica* in *Three Prose Works*, ed. John Buchanan-Brown (Carbondale, IL, 1972).

Austen, Ralph, *The Spirituall Use of an Orchard* (London, 1653).

Bate, Jonathan, *The Romantic Ecologists* (London, 1991).

Bromenshenk, Jerry J., 'Can Bees Assist in Area Reduction and Landmine Detection?', in *Journal of Mine Action 7/3* (2003), pp. 380–389 (Proceedings of the First International Joint Conference on Point Detection for Chemical and Biological Defense).

Browne, Thomas, *The Works of Sir Thomas Browne*, 4 vols, ed. Geoffrey Keynes, 2nd edn (Chicago, 1964).

Buchmann, S. and G. Nabham, 'The Pollination Crisis: The Plight of the Honey Bee and the Decline of other Pollinators Imperils Future Harvests', *The Sciences*, 36(4) (1997), pp. 182–183.

Burke, Edmund, *Letter to a Noble Lord*, (London, 1795).

Butler, Charles, *The Feminine Monarchie* (London, 1609; 2nd edn 1623).

Canetti, Elias, *Crowds and Power*, trans. Carol Stewart (London, 1962).

Cole, Henri, 'The Lost Bee', *American Poetry Review*, 33 (2004), p. 40.

Coleridge, Samuel Taylor, *Biographia Literaria* (Princeton, NJ, 1984).

Columella, *De Rustica*, 3 vols, trans. E. S. Forster and Edward H. Heffner (Cambridge, MA, 1954).

Conan Doyle, Arthur, 'His Last Bow', in *The Annotated Sherlock Holmes*, 2 vols, ed.WilliamS.

Baring-Gould (New York, 1960), II, pp. 802–806.

Cooper, James Fenimore, *The Oak Openings, or The Bee-Hunter* (New York, 1848).

Cotton, William, *A Short and Simple Letter to Cottagers, from a Conservative Bee-Keeper* (London, 1838).

Cotton, William, *My Bee Book* (London, 1842).

Crane, Eva, *A Book of Honey* (Oxford, 1980).

——, *Bees and Beekeeping: Science, Practice and World Resource*s (Oxford, 1990).

Day, Richard, *The Parliament of Bees* (London, 1697).

Ellison, Henry, *Stones from the Quarry* (London, 1875).

Evelyn, John, *Kalendarium Hortense, or, the Gardener's Almanac* (London, 1664).

Frankum, Robert, *The Bee and the Wasp: A Fable* (London, 1832).

Frisch, Karl von, *The Dancing Bee: An Account of the Life and Senses of the Honey Bee*, trans. Dora Lane (New York, 1955).

Gay, John, 'The Degenerate Bees', in *Fables* (London, 1795).

Gilbert, W. S., *Bab Ballads* (London, 1898).

Gilpin, George, *The Beehive of the Romish Church* (London, 1579).

Goodman, Godfrey, *The Fall of Man, or the Corruption of Nature* (London, 1616).

Grew, Nehemiah, *Musæum Regulis Societatis* (London, 1685).

Hall, Joseph, *Occasional Meditations* (London, 1630).

Hartog, Diana, *Polite to Bees: A Bestiary* (Toronto, 1992).

Hawkins, H., *Parthenia Sacra* (London, 1633).

Hayward, T. Curtis, *Bees of the Invisible: Creative Play and Divine Possession* [London: The Guild of Pastoral Psychology, no. 206, n.d. c. (1982)].

Hesiod, *Works and Days* (Harmondsworth, 1985).

Hobbes, Thomas, *Leviathan* [1651] (Cambridge, 1991).

Hollander, John, ed., *American Poetry*, 2 vols (New York, 1993).

Hooke, Robert, *Micrographia* (London, 1665).

Isack, A. A., and H.-U. Reyer, 'Honeyguides and Honey Gatherers: Interspecific Communication in a

  Symbiotic Relationship' *Science*, 243 (10 March 1989), pp. 1343–1346.

Jennings, Humphrey, *Pandæmonium* (London, 1985).

Jones, Gertrude, *Dictionary of Mythology, Folklore, and Symbols*, 3 vols (New York, 1962).

Jonston, John, *An History of the Wonderful Things of Nature* (London, 1657).

Khalifman, I., *Bees* (Moscow, 1953).

Kidd, Sue Monk, *The Secret Life of Bees* (New York, 2002).

Kirk, Robert R., 'Bees' in *Poetry: Its Appreciation and Enjoyment*, ed. Louis Untermeyer and Carter

  Davison (New York, 1934), p. 318.

Klein, Richard, *Eat Fat* (London, 1997).

Lear, Edward, *A Book of Nonsense* (London, 1861).

Levett, John, *The Ordering of Bees: Or, the True History of Managing Them* (London, 1634).

Lévi-Strauss, Claude, *From Honey to Ashes: Introduction to a Science of Mythology*, 2 vols, trans.

  John and Doreen Weightman (New York, 1973) [originally published as *Mythologiques (DuMiel*

  aux Cendres), 1966].

Lubbock, Sir John, *Ants, Bees, and Wasps* [1881] (London, 1915).

Maeterlinck, Maurice, *The Life of the Bee* [1901], trans Alfred Sutro (New York, 1924).

Mandelstam, Osip, *Selected Poems: A Necklace of Bees*, trans. Maria Enzensberger (London, 1992).

——, *The Complete Poetry of Osip Emilevich Mandelstam* , trans. Burton Raffel and Alla Burago

  (Albany, NY, 1973).

Marnix, Filips van, *De Roomsche Byen-korf* [1569], trans. John Still (London, 1579).

McClung, William A., *The Architecture of Paradise: Survivals of Eden and Jerusalem* (Berkeley,

  CA, 1983).

McMahon, Thomas, *McKay's Bees* (London, 1979).

Milne, A. A., *Winnie-the-Pooh* (London, 1926).

Mitterand, François, *The Wheat and the Chaff* (London, 1982)(includes 'L' abeille et l' architecte').

Moffett, Thomas, *Insectorum sive minimorum animalium theatrum*, in Edward Topsell, *The History of Fourfooted Beasts and Serpents … whereunto is now added The Theater of Insects* (London, 1658).

Molan, Peter, 'The Anti-Bacterial Activity of Honey, Part i' , Bee World, 73 (1992), pp. 5–28.

Ovid, *Fasti*, trans. James Frazer (Cambridge, MA, 1931).

——, *Metamorphoses*, trans. Rolfe Humphries (Bloomington, IN, 1955).

Paley, Edward, 'Fable of the Bee-Hive' , in *Reasons for Contentment Addressed to the Labouring Part of the British Public* (London, 1831).

Pastan, Linda, 'The Death of the Bee' , *Kenyon Review*, 20 (1998), p. 73.

Pausanias, *Description of Greece*, trans.W.H.S. Jones and H. A. Ormerod (Cambridge, MA, 1965—1966).

Pecke, Thomas, *Parnassi Puerperium* (London, 1659).

Pliny, *Historia Naturalis*, 10 vols, trans. H. Rackham (London and Cambridge, MA, 1967).

Plot, Robert, *The Natural History of Oxfordshire* (London, 1677).

Purchas, Samuel, *A Treatise of Politicall Flying-insects* (London, 1657).

Raleigh,Walter, *The History of the World in The Works of Sir Walter Raleigh, Kt* (New York, 1829).

Ramirez, Juan Antonio, *The Beehive Metaphor: From Gaudí to Le Corbusier* (London, 2000).

Ransome, Hilda M., *The Sacred Bee in Ancient Times and Folklore* [1937] (Bridgwater, 1986).

Rolle, Richard, *The English Writings of Richard Rolle*, ed. Hope Emily Allen (Oxford, 1931).

Root, A. I., *The ABC and XYZ of Bee Culture* (Medina, OH, 1908).

Ruestow, Edward G., *The Microscope in the Dutch Republic: The Shaping of Discovery* (Cambridge, 1996).

Rusden, Moses, *A Further Discovery of Bees* (London, 1679) .

Ruskin, John, *The Stones of Venice*, ed. J. G. Links (London, 1960) .

Seneca, *De Clementia* in *Seneca's Morals Extracted in Three Books*, trans. Roger L' Estrange

(London, 1679).

——, *Epistulae ad Lucilium*, 3 vols, trans. Richard M. Gummere (Cambridge, MA, 1917).

Steiner, Rudolf, *Bees*, trans. Thomas Brantz (Hudson, NY, 1998).

Sylvester, Joshua, trans., *The Divine Weeks and Works of Guillaume de Saluste du Bartas*, 2 vols, ed.

Susan Snyder (Oxford, 1979).

Tacitus, *Annals*, trans. John Jackson (Cambridge, MA, 1970).

Tesauro, Emanuele, *Il Cannochiale Aristotelico* (Rome, 1664).

Thomas of Cantimpré, *Bonum Universale de Apibus* (c. 1259).

Tisdall, Caroline, *Joseph Beuys* (London, 1979).

Traynor, Joe, *Honey, the Gourmet Medicine* (Bakersfield, CA, 2002).

Tubach, Frederic, *Index Exemplorum: A Handbook of Medieval Religious Tales* (Helsinki, 1969).

Vanière, Jacques, *The Bees. A Poem*, trans. Arthur Murphy (London, 1799).

Varro, *Rerum Rusticarum*, trans. W. D. Hooper and H. B. Ash (Cambridge, MA, 1934).

Vergil, *Georgics*, trans. John Dryden (London, 1697).

Waterman, Charles E., *Apiatia: Little Essays on Honey-Makers* (Medina, OH, 1933).

Whitney, Geffrey, *A Choice of Emblems* (London, 1586).

Winston, Mark, *Killer Bees: The Africanized Honey Bee in the Americas* (Cambridge, MA, 1992).

Wither, George, *The Schollers Purgatory Discovered in the Stationers Common-wealth* (London, 1624).

Wojahn, David, *Late Empire* (Pittsburgh, 1994).

Wood, Antony á, 'Fasti Oxoniensis', in *Athenae Oxoniensis* (London, 1691).

Wordsworth, William, *Poetical Works*, ed. T. Hutchinson and E. de Selincourt (Oxford, 1936).

Worlidge, John, *Apiarium* (London, 1676).